如何度过这一生
27个矛盾的答案和1个奇怪的结论

How to Live?
27 conflicting answers
and 1 weird conclusion

[美] 德雷克·西弗斯 ◎ 著
Derek Sivers

闵徐越 ◎ 译

天津出版传媒集团

天津人民出版社

图书在版编目（CIP）数据

如何度过这一生：27个矛盾的答案和1个奇怪的结论/（美）德雷克·西弗斯著；闵徐越译. -- 天津：天津人民出版社，2023.4（2023.12重印）
书名原文：How to Live：27 conflicting answers and one weird conclusion
ISBN 978-7-201-11426-2

Ⅰ.①如… Ⅱ.①德… ②闵… Ⅲ.①人生哲学－通俗读物 Ⅳ.①B821-49

中国国家版本馆CIP数据核字(2023)第027047号

© 2021 by Sivers Inc.
Published by special arrangement with Sivers, Inc. in conjunction with their duly appointed agent 2 Seas Literary Agency and co-agent CA-LINK International LLC
著作权合同登记号：图字02-2023-002号

如何度过这一生：
27个矛盾的答案和1个奇怪的结论
RUHE DUGUO ZHE YISHENG: 27 GE MAODUN DE DAAN HE 1 GE QIGUAI DE JIELUN

出　　版　天津人民出版社
出 版 人　刘　庆
地　　址　天津市和平区西康路35号康岳大厦
邮政编码　300051
邮购电话　（022）23332469
电子信箱　reader@tjrmcbs.com

责任编辑　李　羚
策划编辑　宣佳丽　傅雅昕　钱晓曦
装帧设计　袁　园

制　　版　杭州真凯文化艺术有限公司
印　　刷　杭州钱江彩色印务有限公司
经　　销　新华书店
开　　本　787毫米×1092毫米　1/32
印　　张　11.75
字　　数　170千字
版次印次　2023年4月第1版　2023年12月第2次印刷
定　　价　69.00元

谨以此书向大卫·伊格曼的著作《死亡的故事》致敬

关于"如何度过这一生"这个问题，本书给出了许多答案，它们秉持的观点或耳目一新，或老生常谈，其中有一些甚至是相互矛盾、令人混乱的。

不同的人生会有各自不同的答案，正确的结论只掌握在自己手中。

希望借由本书打开您的思路，为往后余生提供一种新的可能性。

目　录

目录

目录

请慢慢阅读

一次读一行

独立

Be independent

一切痛苦都源于依赖。

如果不再依赖收入、他人或者科技，

你将获得真正的自由。

只有打破所有依赖关系，才能感到幸福。

大多数问题都和人际关系有关。

成为社会的一部分，意味着失去自我的一部分。

挣脱社会的束缚，

不必参与，

甚至不必反抗，因为反抗也是在做出反应。

作为代替，去做那些当世界上只有你一人时，你会做的事。

Dogs bark.
People speak.
It doesn't mean a thing.

狗会吠叫，

人会说话，

这代表不了什么。

他们说的话、做的事与你无关，

即使这些看上去会为你指引方向。

重要的是你自己的想法。

当你清楚自己在做什么，就不会在意其他人正在做的事。

当你不再关心他人的言行，就不会受到任何人的影响。

不要相信任何人说的话，

想听就听吧，但总要自己做决定。

因为有些想法拥有催眠般的说服力。

过几天再倾听你真正的想法。

除非你自己愿意，

否则不要让别人的思想影响你的头脑和心智。

变得独立意味着不能责备其他人，

任何决定都应该由你自己负责。

无论你怪谁，都说明他们都对你产生了影响，

所以只能怪你自己。

把错推给自己所在的地方、文化、种族或是历史的时候，

你相当于放弃了自己的自主权。

每个人都要处理自己的生活。

没有人要为你负责，你也不用为任何人负责。

你没有欠任何人任何东西。

有保持适当距离的朋友是好事。

就像有些东西被贴到你的面前或者离你太远，

你会看不清，

所以你应该和朋友保持一臂距离，

亲近，但不要过于亲近。

拥有几个浪漫的伙伴，没有也行。

为了避免情感上的依赖，永远不要只有一个伙伴。

别担心孤独，

没有比和错误的人待在一起更孤独的事了，

独处永远是更好的选择。

It's

better to

没有自我掌控力，就不可能自由。

过去的嗜好和习惯可能会让人上瘾。

为了证明你可以做到，戒掉一个无害的习惯一个月。

在你说自己想从世界上获得更多自由的时候，

也许你只需从自己过去的自我中获得自由。

你不是从事物的角度看待它们。

而是从自己的角度看待它们。

改变自己，就是改变世界。

always
be alone.

学习独立所需的技能。

学习开车、开飞机、航海、园艺还有野营。

学习急救、防灾。

假设没有人会帮你。

不要依赖任何陪伴关系，特别是不要依赖科技巨头。

只使用开源软件和开放式通信协议。

保留自己的备份，

获得自己的域名，

运行自己的服务器。

在你觉得最自由的地方生活。

象征性地搬离你成长的地方，

在异地生活能帮你清楚认识到，

之前的文化氛围并不适用于你。

最适合自立的地方是一处没有水、电、燃气的乡村家园。

自己打水。

自己发电。

自己种菜。

Be independent

或者干脆没有家，

如果你没有家，那么全世界都是你的家。

成为一个四处漂泊的极简主义者，打破对物质的依赖。

我们靠狩猎和采集为生的祖先，

他们的生存靠的是不带任何东西，

然后搜寻或制造他们所需的物品。

独立

试着成为一个终身旅行者，过提着旅行箱的生活。

每隔几个月，搬到一个新的国家，

不要在任何一个地方登记户口。

穿梭于不同地方，过不一样的生活，

从而避免依赖任何一个地方。

Be independent

这样你的朋友就不会局限于一个地方。

拥有自己的业务，

和很多小客户做生意，从而避免依赖任何一个大客户。

提供产品，而不是个人劳动力，

这样一来，你的业务就算没有你也能运转。

像这样就能创造很多收入来源。

别签合同。

乐于从任何事中脱身。

Don't sign contracts.

Be willing to walk away from anything.

最终，

你将做到自立。

你会变得绝对自由、绝对独立。

这是根本的解放。

在那之后，

你就可以从合理的距离欣赏一切。

当家人不对你施加压力，你可以欣赏他们，

你可以对人们的歇斯底里付之一笑，同时也从中学习。

你可以在别人争斗时站在一边，笑得张扬。

甚至你可以对其他人负责。

如何
度过
这一生？
——完全独立。

投入

Commit

如果你曾经迷茫、心烦意乱，

面对太多选择，

如果你没完成已经开始做的事，

如果你没和你爱的人在一起，

你应该察觉到了问题。

这个问题就是缺少投入。

你一直在寻找最好的人、最好的地方或是最好的事业。

但追求最好就是问题所在。

没有哪个选择本身是最好的，

是什么让它成为最好的选择？

是你。

通过投身于此，你会让它成为最好的选择。

你的奉献和行动能使任何一个选择变好。

这个观点是能改变人生的。

你应该停止追寻最佳选择。

做出一个选择，不要反悔，投身于此，

之后，它就会成为你的最佳选择。

瞧，就是这样。

如果一个决定不可撤销，你会对此感觉更好。

如果某件事不得不做，你会发现它的好处。

如果你的处境无法改变，那就改变你的态度。

所以，删除"改变主意"这个选项。

你以为有更多的选择会更好。

但是，当面对无穷无尽的选择时，你的感觉会更糟。

当你接纳所有选项，你会感到矛盾、痛苦。

你的想法产生分歧。

你的力量遭到削弱。

你的时间散成碎片。

优柔寡断使你肤浅。

投身于一个选择，获得更深的快乐。

投入

英语中"决定（decide）"一词来源于拉丁文的"切断"。

选择一项，并斩断其他选项。

往一个方向前进，意味着你不会走其他方向的路。

当你为一个结果而努力，你身心统一，目标明确。

当你牺牲了其余所有的自我，

最终剩下的那个自我，蕴含着惊人的力量。

别去想生活的其他方面。

放弃每个非必要的责任。

每件事看上去微不足道，

但合在一起，它们会耗尽你的灵魂。

把注意力集中在你正在做的几件事上，

而不要放在其他事上。

我们的祖先从靠狩猎和采集为生的游牧民族

转变为定居于一片土地的开发者以后，

人类文明蓬勃发展。

当我们停下漂泊的脚步，

扎根于一个地方时，

我们取得了巨大的进步。

选一个地方当作你的家园。

永远留在那里，

慢慢了解那里的一切，

即使你已经在那里住了很多年，

也要雇一个当地的专家，

多了解一些有关历史、建筑，

以及其他你还未涉猎的领域的信息。

找一个由志同道合的人组成的社群。

不要浪费精力纠结于常规。

比起收入和健康，信任更能帮助你获得幸福。

邀请邻居来你家吃饭。

多交朋友。

付出努力。

求助于人，同时也向别人伸出援手。

信任别人，同时也向别人表明你值得信任。

让他们知道，你可以依靠，因为你一直在这里。

他们会回报你。

你会成为所在社群不可分割的一分子。

你所建立的良好关系，也会有助于你。

在艰难时期，没有比这更强大的力量了。

长久待在一个地方，你的日常生活会过得更好。

商家没什么动力为区区过客提供优质服务。

但是通过全身心投入一个社群，人们会更加善待你。

不同情况有不同的做法。

他们知道每周都会见到你，

所以善待你符合他们最大的利益。

你更像是一个朋友，而不是陌生人。

拥有越多的社会关系，我们就越快乐。

友情这条纽带能带来生命中最深远的欢愉之一。

注意这些词：关系、纽带。

这些都是和投入有关的词。

理论上，我们说自己想要自由。

而实际上，我们更希望投入这样温暖的怀抱。

你和你的挚友不用每天重新决定你们是否还是朋友。

你们是朋友，毫无疑问。

你们互相承诺，不言自明。

美妙之处就在于此。

You and your best friends don't decide a new each day whether you're friends or not.
You are friends, without question.
You're committed to each other, even if you've never said so.
That's what's wonderful about it.

当别人说，你是一个性格很好的人，

他们的意思不仅是说你很好，而是你一直很好。

是你反复在做的事定义了你。

你的习惯造就了你的性格。

一旦你决定了对自己重要的事，

你就知道理想中的自己会怎么做，

理想中的生活是怎样的。

所以，为什么不每天都那样做、每天都过那样的生活呢?

坚持你的习惯，让它们成为日常。

如果这件事不重要，那就永远不要做。

如果这件事很重要，那就每天都去做。

火箭为了逃离重力的牵引，

在发射后的一分钟内就会消耗大部分燃料。

一旦火箭摆脱了重力，

剩下的航行就不费吹灰之力了。

你的习惯也是如此。

万事开头难。

后面就容易了。

新习惯代表着你正在尝试去做的事。

旧习惯代表着你是一个怎样的人。

投入

New habits are what you're trying.
Old habits are who you are.

投入一条职业道路。

随着时间的推移，

强化你的专业技能，树立你的声望。

因为你切断了其他选项，

所以不会再由于分心而脱离轨道。

因为你投入了，所以不可能失败。

即使这比你预期的还要多花很多年时间，

但在你放弃之前，都不会失败。

这个道理也适用于选择技术，

无论是硬件还是软件。

选好一个。

投入其中。

深入学习。

比起总是换来换去，

想找一个最好的，

这样会更有收获。

结婚。

和一个心地善良、许诺把你置于生活中心的人结婚。

和一个你与对方都不会想要改变人选的人结婚。

一个不会因犯错而惩罚你的人。

一个能看到你最大潜力的人。

全身心为其投入。

坠入爱河不是难事。

保持爱意才是难事。

激情是常见的。

耐力是罕见的。

婚姻是为了让你熬过那些感情变淡的时光。

想象事情变得糟糕的情况，

彼此的许诺会给你们带来安全感，

使你们挺过狂风暴雨的考验，

让你们知道再大的风雨也无法摧毁你们的感情。

即使有时你感受不到爱意，也要去爱。

Commit

投入会使你内心安宁。

当你投入某件事，放弃其他事的时候，你会感到自由。

一旦决定了一件事，永远不要改变主意。

只做一次决定要容易得多。

投入赋予你正直的品性和社会关系。

投入赋予你专业知识和力量。

投入赋予你爱与幸福。

如何
度过
这一生？
——投入。

充盈你的感知

Fill your senses

看着这一切。

触碰这一切。

倾听这一切。

品味这一切。

实践这一切。

欣赏这美妙的物质世界。

如果你知道自己明天会失明，

今天你会多么热切地看着这世界？

如果你知道自己明天会失聪，

今天你会多么热切地倾听这世界？

充盈你的感知，

就像这是你在地球上度过的最后一天。

那一天终会到来。

把你的输入最大化。

观赏所有地方。

品尝所有食物。

聆听所有音乐。

遇见所有的人。

变得不知满足。

人生苦短。

怎样做才能体验这一切？

这是答案，

也是你的使命，

不要做重复的事。
· · · · · · ·
不要重复吃同一种食物。

不要重复去同一个地方。

不要重复听同一个内容。

每件事都只做一次。

做一个有计划的人。

跟随指南。

"必游打卡地"

"史上最佳电影"

"本地最佳餐厅"

去试试所有这一切。

想要获得最多的体验，这是最好的办法，

不再重复。

　　　　　　　　　　　　充盈你的感知

Everything good comes from some kind of pain. Muscle fatigue makes you healthy and fit. The pain of practice leads to mastery. Difficult conversations save your relationships. But if you avoid pain, you avoid improvement. Avoid embarrassment, and you avoid success. Avoid risk, and you avoid reward. Anyone can be their best when things are going well. But when things go wrong, you see who they really are. Remember the classic story arc of the hero's journey. The crisis — the most painful moment — makes the hero. Improvement is transformation. It brings the pain of loss of the comfortable previous self. It brings the pain of a new set of problems. Wealth brings the pain of responsibility. Fame brings the pain of expectations. Love brings the pain of attachment. If you avoid pain, you avoid what you really want. The goal of life is not comfort. Pursuing comfort is both pathetic and bad for you. Comfort makes you weak and unprepared. If you've protected yourself from pain, then every little challenge will feel unbearably difficult. People say they're not doing the work because it's hard. But it's hard because they're not doing the work. Comfort is a silent killer. Comfort is quicksand. The softer the chair, the harder it is to get out of it. The right thing to do is never comfortable. How you face pain determines who you are. Therefore, the way to live is to steer towards the pain. Use it as your compass. Always take the harder option. Always push into discomfort. Ignore your instincts. Pain's power is the surprise. If you expect it, it's weaker. If you think it's gone, choosing pain makes it bearable. It loses its power to hurt you. You become its master, not acting like it's coming anyway. Don't get a shield. Get a saddle. Pain, don't wish for good luck. Good luck makes you complacent. Practice thriving with bad luck. Bad luck makes you resourceful and strong. No matter what the world would throw your way, you can stand worse. Choosing pain means running past your instincts. Feel that a step is good or bad for you, and vice-versa. So don't use your feelings as a guide. Choose

永远向前走。

永不回头。

把自己往前推。

永远把自己当成陌生土地上的陌生人。

但是不要着急。

细细品味你所遇到的每件事的方方面面。

注意那些细微差别。

寻找那些能轰炸你感官的地方。

火人节。

节日。

博物馆。

庆典。

葬礼。

跳伞。

潜水。

和公牛一起奔跑。

和鲨鱼一起遨游。

在太空中飘浮。

如何为如此美好的生活买单呢?

只有两个选择。

充盈你的感知

差强人意的选择是做旅行作家。

看上去既迷人又简单，所以大家都试着这么做。

聪明的选择是做销售。

这在任何时候都是有价值的。

学会销售技巧，你就能去往任何地方。

无论多大年纪，你都能获得丰厚的报酬，

总是非常抢手。

在旅途中找份工作，

多和陌生人聊聊，

这就是你所需要的。

简单的决定能帮助人们避免重复。

永远不要在同一个地方休息两次。

不需要厨房。

不需要做饭。

每餐饭都去不一样的地方吃。

不要走你认识的路。

简单的计划能迫使人们做出改变。

每个月，换掉现有的衣服。

换一个风格买新衣服，

在旅行的时候这样做，

这个月你穿在摩洛哥买的衣服，

下个月穿在意大利买的，

再下个月穿在日本买的。

这对你有好处。

饮食变化有益健康。

新的环境有益大脑。

Never have the same thought twice.
Keep nothing on your mind.
Just take in what's around you now.
Have no expectation of how something
should be, or you
won't see how it really is.

永远不要重复同样的想法。

放空大脑。
· · · ·

只记住现在你身边的事。

不要对一件事应该怎样抱有期待，

否则你会忽视事物真正的样子。

多么奇妙啊，

你在做的每件事在你人生中既是第一次也是最后一次。

第一次的兴奋。

最后一次的感伤。

会有很多你热爱的事、你想留下来反复做的事。

但是不行。

记住你的使命。

体验痛苦、愤怒、悲伤，以及更多的心情。

不要把它们判为负面情绪。

留意它们真正为你带来的感受。

记住：杜绝重复。

但是，这样生活了几十年后，

你会需要一些全新的体验。

留在一个地方。

和一个人在一起。

买个房子当作你的家。

生儿育女。

这很不可思议，但如果你不做，

这些事将成为你从未有过的经历。

充盈你的感知

减少不必要的行动

Do less

社会的法则告诉我们什么不能做。

做一个好人，绝大多数人的做法是不干坏事。

不做一个残忍或是自私的人。

不要撒谎或是偷窃。

总之，不要伤害别人。
·· ······

人们总以为他们需要做一些事。

一个行动产生一个问题，

为了解决这个问题，又做出另一个行动。

所以人们的行动，却起了反效果，

造成越来越多的问题。

所有这些都是可以避免的。

所有行动都是可有可无的。

　　　　　　减少不必要的行动

人们错误地接受自己不爱的工作、不爱的人和地方，

为了摆脱犯下的错，只能逃避。

人会做出不好的决定，因为他们觉得自己不得不做出决定。

更明智的做法是什么都不做。

人们做出激愤的过度反应，导致关系破裂。

"骂人""发泄"，这些生气的行动是错误的。

表达愤怒并不会缓解你的情绪。

反而会使你更加生气。

行动往往会产生和本意截然相反的效果。

太过努力追求魅力的人，反而令人生厌。

太过努力追求开明的人，反而自我中心。

太过努力追求幸福的人，反而内心苦闷。

因此，最好的生活态度就是减少不必要的行动。

减少思虑，精简行动。
· · · ·　· · · ·

独立思考，保持沉默。

减少行动，减少回应。

沉稳判断，不妄下定论。

无欲无求，无须满足。

改变你"想要做出改变"的需求。

在你情绪最平和的时刻，

你的内心是恬静的。

你不认为自己应该做别的事情。

当你觉得一切都很完美的时候，

你会说："我什么都不会改变。"

所以，以这种心态度过你的一生。

不要抱有希望。

希望意味着想要事物变得和现状不同。

想要改变自己是一种自我厌恶。

没有比无欲无求更大的快乐了。

欲望是平和的对立面。

人们大部分的言行都不重要。

大多数言语仅仅是聒噪不休。

英文中"噪声（noise）"一词来源于"恶心（nausea）"。

什么都别说，除非必须要说。

人们会欣赏你的沉默，并且他们知道，

你开口的时候，内容一定很重要。

浅滩喧闹。

深湖寂静。

沉默是宝贵的。

沉默是听取宁静智慧的唯一途径。

Silence is precious.
Silence is the only way to hear quiet wisdom.

大多数烦恼由行动造成。

所以，谨慎行动。

大多数行动是对情绪的反馈。

你以为你想付出行动或者拥有什么东西。

But what you really want is the emotion you think it'll bring

但你真正想要的是情绪，

是你认为这件事能让你感受到的情绪。

跳过行动这一步。

直奔情绪。

练习有意识地感受情绪，而不是通过行动制造情绪。

你不需要得到认可来获得自豪感，

认可不会让你自豪。

你不需要一片海滩来获得安宁。

场所不会创造情绪。

而你可以。

你的内心包含着全部的人生经历。

专注于内心世界，而非外界。

当一个问题困扰你，你会觉得自己要针对它做些什么。

作为代替，找出你的烦恼究竟源于什么。

把它换成另一个不会困扰你的想法。

问题就解决了。

大部分问题其实只在特定场景中。

做决定让你觉得自己在前进。

但这就像在跑步机上，只能让你原地踏步。

有人要求你做决定时，拒绝就行了。

不做决定的时间越久，你获得的信息也就越多。

最终，选择显而易见，

而且不需要你冥思苦想就能做出选择。

有人向你提问，并不代表你必须回答这个问题。

情绪化的人得到回应会更有兴致。

如果你不再回应更多，他们就会离开。

这同样也适用于你。

你的情绪叫嚣着需要你的回应。

如果你无视这股冲动，它们一样会消失。

观察自己。

你的内心是最好的实验室，

也是最隐秘、最平静的工作场所。

明智的做法是，把所有的媒体和舆论拒之门外。

没有新闻，没有八卦，没有娱乐。

这些大部分都不值得你去了解。

没用的东西也许会牵动你的感官，

但别让它牵动你的内心。

不要接受人们的谎言。

　　　　　　　　减少不必要的行动

事物不分好坏——和石头一样中立。

在人们发表观点时带上问号，

如果他们说"某件事不好"，就改成"某件事不好？"

让问题随风飘散，没有答案也无所谓。

愚者仓促定论。

智者仅做观察。

智慧来源于扫除垃圾、谎言和妨碍思维清晰的绊脚石。

比起知道更多，用知道更少来变得明智。

保持头脑干干净净，这样才能清醒地观察。

做得越少，能看到的就越多。

观察，同时学习。

观察这世界。

在无事发生的地方生活。

搬到一个贴近自然、没有纷争的地方。

在那里，什么都不做是正常的。

每天步行几个小时，欣赏大自然。

你的生活和内心将是平静安宁的。

和平就是没有骚乱。

你不需要媒体、网络或者电话。

你的生活开销几乎只花在本地鸡蛋和蔬菜上。

什么都不做，是终极的极简主义。

如果你需要用钱，那就做一个投资者。

市场会把钱带给有耐心的人。

减少不必要的行动

如果你觉得有必要采取某个行动，

而且你无法放弃，

那就写下来留到以后做。

你正想着的时候，

每件事似乎都变得更加重要。

过段时间，你就会意识到事实并非如此。

如果你仍然觉得这件事有必要，

那就调整一下时间范围。

一年后，这件事还重要吗？

十年后呢？

把时间线尽可能拉远，远到这件事不再重要。

之后，你就能打消这个念头了。

不过，你可能会想，这个世界需要你做一些事。

这种念头让人非常难受。

放弃被需要的想法。

世界不会因为离了谁，就停止运作。

卸下你的责任，因为每个人都将归于死亡。

现在好好想想哪些行动是多余的，

即使不做这些事，生活也将继续。

变得无我。

变得自由。

减少不必要的行动，

就是度过一生的最佳态度。

如何
度过
这一生？
——减少
不必要的
行动。

超长远思考

Think super-long-term

1790年，本杰明·富兰克林以一个为期200年的信托基金的形式，向费城和波士顿捐赠了2000英镑。到1990年，这笔钱的价值超过700万美元。

如果你将2000美元投入股票市场，为期200年，平均回报率为8%，那么200年后，它的价值将超过90亿美元。

如果你能投入10万美元，它的价值将超过4830亿美元。

像这样生活。

为未来服务。

现在做一些小事，

对你今后的老年生活、你的子孙后代

将会有巨大的好处。

行为的效果会被时间放大，对未来产生巨大的影响。

让这一事实引导你的生活。

在脑海中开启时光机，

不断描绘自己的未来，

想象曾孙辈的世界。

现在行动起来，去影响那个时代。

要做的事显而易见。

多吃蔬菜。

多锻炼身体。

进行预防性健康体检。

腾出时间处理人际关系。

做这些事情，没错，

但让我们看看那些结果没那么明显的事。

最大的挑战是，

在被生活蹉跎的时候，进行长远的思考。

你需要一个持久又生动的提示物。

所以，用增龄软件吧——

这个软件可以把照片中的脸处理成30年以后的模样。

用这个软件处理几张你的照片。

看看你老了以后的样子，好好照顾那个人。

用这个软件处理你关心的人的照片。

保存处理后的照片，

把它们放在每天都能看到的地方。

这些来自未来的人，是你现在的责任所在。

想象一下未来的自己正在评判你现在的人生抉择。

做决定的时候问问自己,

你老了以后会怎么想这件事。

未来的你和家人会因为什么而感谢你?

现在简单的举动能让他们将来过上更好的生活。

延迟满足。

今天的不痛快会为以后带来回报。

如果你对未来有清晰的看法,就不会介意这小小的牺牲。

你永远不会因为没有放纵而后悔。

只把钱花在从长远来看有益的事情上，比如教育。

换句话说，永远不要花钱，只做投资。

投资开始得越早越好，因为时间是成倍累计的。

Many huge achievements are just the result of little actions done persistently over time.

很多辉煌的成就，

不过是长期坚持不懈的小举动积累起来的结果。

城市最初只有一座建筑。

沃尔玛曾是一家小商店。

技艺高超的人每天都在练习。

我们高估了自己一年之内能做什么。

我们低估了自己十年之内能做什么。

如果你在40岁的时候，

或者在任何你觉得为时已晚的年纪，

拥有了一个新爱好，那么到60岁你就会成为专家。

要特别小心那些看似无害的习惯。

想象一下，每个选择最终导致的后果。

吃块饼干，最后你会发胖。

为了消遣而购物，最后你会债台高筑。

在你选择一个行为的时候，

你也选择了这一行为最终会带来的结果。

Be extra-careful of habits that seem harmless.

思考未来不是自然而然会发生的事。

我们靠狩猎和采集为生的祖先不得不过好眼前的日子，

所以着眼当下已经融入了我们的本能。

但是时代变了。

现在，能够生存的是那些未雨绸缪的人。

你现在的生活质量归功于过去几代人。

如果有人出生在富裕的家庭、稳定的国家，

不愁机遇，

我们会说这个人很幸运。

但这份幸运是祖辈创造的，

他们搬到了这个充满机遇的地方，

之后努力奋斗，钱没有自己花完，而是留给下一代。

让你的孙辈也像这样幸运吧。

搬去一个有价值的、未来可期的地方。

超长远思考

那些地方可能会成为地球上最后的宜居之地。

确保你的孙辈拥有公民身份。

做一个伟大的祖先。

为死亡做计划。

现在写下你的遗嘱。

确保你的继承人知道你的财产在哪儿，

以及你去世后应该联系谁。

短期思维是大多数问题的根源，

从污染到债务，

从个人问题到全球问题。

复活岛曾经林木葱郁，

但早期的定居者把树全砍了，

树再也长不回来了。

格陵兰岛曾经绿草如茵，

但早期的定居者放任他们的羊吃草，

草再也长不回来了。

一些短期决策造成的破坏可能会持续好几个世纪。

我们把未来当成垃圾场。

把债务、污染、垃圾和责任都扔给了未来，

好像这样就解决了问题。

这是我们对孩子们做的最疯狂、最草率的事，

因为那是他们的世界，而不是我们的。

你未来的自我取决于你。

你的子孙后代有赖于你。

使用时间这个复合放大器吧。

如何度过这一生？——就是进行超长远思考。

如何
度过
这一生？
——进行
超长远
思考。

和世界紧密相连

Intertwine with the world

我们都是远亲。

地球上每个人，无论距离多远，

都有一个共同的祖先。

去见见你在亚洲、非洲、美洲、欧洲的家人们吧。

明白这个世界上没有"他们"，

只有"我们"。

感受这些联系。

你的家人们分散在世界各地。

到处都是像你这样与众不同的人。

生活中最美好的感受之一，

就是遇到一个和你在截然相反的文化中长大，

却与你有着相同的笑点、想法和口味的人。

和世界紧密相连

如果你想建立一个成功的人际网，

重要的不是你认识多少人，

而是你认识多少不同类型的人。

在全世界交朋友会带来更多机遇、变化和机缘。

If you want a successful network of connections,
what matters is not how many people you know but how many
different kinds of people you know.
Building relationships worldwide brings more opportunity,
more variety,
and more chance for circumstance.

周游世界会让你变得更开阔，

因为你不再认为自己总是对的。

在冰岛语中，

"笨蛋"一词意为"从未离开家乡去国外旅行过
的人"。

只有笨蛋才会觉得自己永远是对的。
· · · · · · · · · · · · · ·

置身其中的时候，

你看不清自己的文化。

一旦走出去，

回头再看，

你就能看到自己的性格其实来源于环境。

旅行能让你更善于沟通，

因为你不能假设对方也熟悉你说的事，

所以必须简单明了地沟通。

你会习惯和信仰不同、

拥有不同世界观和沟通方式的人交谈。

你会知道什么时候该严肃，

什么时候该调侃，什么时候该依照传统，

什么时候该郑重承诺。

你该旅行到多远的地方？

看看大自然的例子吧，比如蒲公英种子和刺果。

植物和树木会尽可能远地传播种子。

你也应该如此。

把那些造就你的事物——你的观点、价值观和人际关系，

传播到世界各地。

为了过上充实而有意义的生活，把自己和世界紧密相连吧。

和世界紧密相连

搬去很远的地方。

做好留下来的打算。

不用带行李。

把你的期望和确信抛在脑后。

这个陌生的地方会让你觉得哪里都不好，

你会在很多方面挑刺。

你来时穿戴的衣物不适合当地的天气。

你来时的习惯不适合当地的文化。

把衣物换成本地制作的，把习惯换成本地流行的。

最后，它们会很适合你。

多提问题，直到你明白事物为什么是这样的。

文化往往是历史性的。

就像一个人的人生观因他们的经历而成型，

一种文化由其近代的历史所塑造。

去了解当地人的观念。

不要问"他们"是怎么做的，

而是问"我们"是怎么做的。

这点细微的区别很重要。

这里是你的新家。

和世界紧密相连

一旦你觉得一个地方有点家的感觉，就搬到新的地方去。

挑一个你觉得迷惑或者害怕的地方，一个你不了解的地方。

重复这个过程。

让那里成为你的家。

努力使这种联结正当化，

一直这样做，直到全世界没有让你感到陌生的地方。

在巴西学会活在当下，

把每一个陌生人当作朋友，

拥抱他们。

在你忘记未来之前离开。

在德国学会理性，

直接、坦诚地沟通。

在你开始苛责陌生人之前离开。

在日本学会为他人着想、社会的和谐和内在的完美。

在你变得过于体谅他人

以至于无法表达自我之前离开。

在法国学会理想主义和反抗精神。

在你反对一切理论之前离开。

和世界紧密相连

在印度学会即兴创作，在复杂的环境中发展。

在感受到与周围的分歧之前离开。

在所有的文化中，避开疯狂的人群。

和来自亚洲、非洲、美洲、欧洲的人一起生活。

种族越多越好。

有人说"血浓于水"，

好像只有你的直系亲属才有血液一样。

但是每个人的体内都流淌着血液，

而你和他们所有人都有关联。

如果你最终想要一个永久的家，

挑选一个诸事不顺时想要待着的地方，

选择一种重视你所珍视之物的文化。

当你离开这尘世，

你的细胞会分解，成为植物、动物、尘土和海洋。

你的一部分终将成为世界的一部分。

如何度过这一生？——在离世前广泛播撒你的种子。

如何
度过
这一生？
——在离世前
广泛
播撒
你的
种子。

创造回忆

Make memories

你记不清最近度过的一天，甚至是一个月。

如果问你当时做了什么，你说不上来。

这很正常。

如果有很多这样的日子呢？

如果当你老去，你无法回忆起整整几年的时光呢？

如果你不能记住发生过的事情，那就等于从未发生过。

你本可以过健康长寿的一生，

但如果你记不住，就等于你只过了短暂的人生。

这样的生活多么可怕。

在你年轻的时候，时间过得很慢，

因为一切于你而言都是新事物。

当你老去，飞逝的时光被你遗忘，

因为你没有那么多新的经历。

You need to prevent this.
Monotony is the enemy.
Novelty is the solution.

你需要避免这种情况。

千篇一律是你的敌人。

新鲜事物是解决办法。

去创造回忆吧。

做一些难忘的事。

体验与众不同的事物。

追求新鲜感。

改变一成不变的日常生活。

在不同的地方生活。

每隔几年换一次工作。

这些与众不同的事件将会成为你记忆的根基。

把这些都记下来。

把所有事都记录下来，否则终有一天你会忘掉。

没有人能抹去你的记忆，但是别因为忽视而失去它们。

每天写日记。

写下你做过的事、你的想法和感受，以供未来参考。

把经历拍成视频。

进行编辑，让视频变得更吸引人。

享受过去相当于活了两次。

怀旧可以连接你的过去和现在。

怀旧可以防止压力和无聊，让你心情变好。

怀旧可以让你更乐观、更慷慨、

更有创造力、更富有同情心。

怀旧是没有痛苦的回忆。

做一个怀旧的人，能让你不那么畏惧死亡。

把你的经历变成故事。

故事是一段经历留存下来的部分。

把你的故事说得有趣一些，让人们喜欢听。

讲好故事，你的记忆能更持久，

因为人们偶尔会给你故事的反馈，

或者请你再讲一次。

把你想记住的事编成故事。

永远不要把你想忘记的事变成故事。

让那些事随着时间消散吧。

Make memories

你的记忆是现实与虚拟的结合。

你某次经历的故事可能会覆盖你真实的记忆，

所以，用这个方法帮助自己，

重写你的过去，

美化你的遭遇，

去除你的创伤。

把你的经历重写成你想要的样子。

只记住你想记住的内容。

你有权重塑记忆。

把痛苦的时光浓缩成一个小故事——

不到一分钟的长度。

把这个缩减版的故事说上几遍，让它变得印象深刻。

这将是你会记住的版本——消除了其中的痛苦。

创造回忆

你对任何事物的感受都基于你如何回顾它。

你的记忆被现在的心情影响。

心情不好的时候，

你可能只看到事物阴暗的一面，

心情好的时候，

你可能只看到事物光明的一面。

其实这件事是中性的。

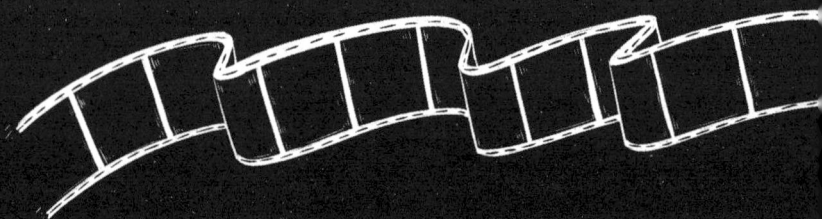

一件事对你而言越重要，你越能记住。

为一段时光赋予意义来记住它，

消除意义来忘记它。

你会记住重要的事。

第一次被烧伤时，你不用努力去记住火很烫这件事。

这很疼，所以你的大脑不费吹灰之力就能记住。

当你犯了一个大错，想要从中吸取教训时，

可以刻意放大这痛苦、深切的悔意和造成的后果。

把这些难过的感受鲜明地保存于内心，

让这个教训记忆犹新，这样你就不会再犯同样的错了。

没有记忆，你就没有自我意识。

必须记住你的过去，才能看到你的人生轨迹。

你在利用过去创造未来。

创造记忆是你一生中能做的最重要的事。

创造的记忆越多，你的生活就越充实。

如何度过这一生？——创造记忆。

如何

度过

这一生？

——创造记忆。

精通一件事

Master something

执着于一项任务，意味着真正做好一件有难度的事。

挑选好一件事，花一辈子去钻研它。

精通是个绝佳的目标，

因为这是——

有钱人买不了，

急性子急不了，

权贵继承不了，

任何人都偷不了的东西，

是只有通过努力才能获得的东西。

精通是一种究极状态。

奋斗使人快乐。

孜孜以求与郁郁寡欢截然相反。

在生命的尽头，那些对自己的人生心满意足的人，

往往把大部分时间花在了令他们着迷的事物上。

把生命的力量汇聚在能赋予你强大力量的一件事上。

阳光无法引燃火柴，

但如果用放大镜把阳光聚焦到一个点上，火柴就能点燃。

精通需要你全神贯注。

你对一件事知道得越多，要学的也就越多。

你看到了一般人看不到的地方。

路越走越有趣。

追求精通有助于长远思考。

这能让你将目光投向视线最远之处。

你抵抗着眼下欲望的诱惑。

你牢记着最深层欲望的意义。

你有目的地利用时间。

每个月都有一个节点。

每一天都有一个目标。

生命中最有收获的事，往往费时多年。

只有不好的事才会瞬息而至。

The most

in life

Only

happen

　　　　　　　　　　精通一件事

当你优先处理的事只有一项时，做决定很容易。

你的目的地是地平线上那一座巨大的山峰，

无论在哪里，都能看到它。

你要登上山顶，而不是去其他地方。

你始终记得自己要去哪里，下一步要做什么。

脚下的路不是通往山顶的，就是越走越远的。

这样做，困难就不会阻挡你的脚步。

大多数人紧盯着脚下，每次遇到阻碍都被搅得心烦意乱。

放眼地平线，你将跨越障碍，势不可当。

ewarding things

take years.

ad things

uickly

Master something

如果你还没决定要掌握什么，

挑选任何一件令你畏惧、着迷或是激愤的事。

不要质疑"这是真实的我吗？"

或者"我热爱这件事吗？"

这些问题只会带来永无止境的探寻和失落。

人们不会因为选错路而失败——不做选择才会不战而败。

做出选择，然后为此献出一生。

随着事情有所起色，你会开始热爱它。

精通一件事

为自己定义"成功"，

描述你想获得的成果，

人无法命中看不见的靶子。

你要理解，有些事会和预期大相径庭。

目标不会改善你未来的生活，

目标只会优化你当前的行为。

好的目标能让你立刻采取行动，

这是坏的目标做不到的。

目标告诉你什么是对的，什么是错的。

能让你朝目标推进的，就是对的。

反之就是错的。

刚开始学的时候，每周都能有很大的进步。

开头总是兴致勃勃。

但是常年累月的不懈努力，才能造就真正的专家。

挑战一直在路上。

你需要养成习惯，而不是依靠灵感。

无论如何，必须每天练习。

练习是重中之重——这是精通的保证。

一旦有了前进的势头，就不要停止脚步。

坚持不是一件容易的事，如果你停下了，

就很难重新开始。

每一天都不容错过。

不练习的时候你要记住，别人正在训练。

如果有一天你们狭路相逢，他们将会战胜你。

精通一件事

工作的时间，不要做工作以外的事。

手头做着工作，心思也会跟着专注于此。

如果你遇到瓶颈，暂停一下，闭上双眼。

这段真空期会帮助你再次起步。

你能做多少次俯卧撑？

如果每做一组俯卧撑休息10分钟，你能做多少个呢？

能做更多。

这就是秘诀。

工作中途稍稍休息一会儿，才能比大多数人走得更远。

全神贯注意味着低头，

着眼全局意味着抬头。

其中一件事你做得越多，另一件事就做得越少。

如果你一直埋头苦干一项任务，

记得抬头看看，确保自己在正确的道路上。

不要费力去做本不该做的事。
· · · · · · · · · · · ·

追求精通是一种雄心壮志，

这有助于提高你成功的可能性。

大多数人失败不是因为目标定得太高，

而是定得太低。

如果你设立了很高的目标但没有达到，

实际上你并没有失败。

前往你所在的领域中最顶尖的地方。

（演员？好莱坞。科技？硅谷。诸如此类。）

那些地方对人有很高的期望，

所以那里能助力你成为最好的。

你想要压力，

你想要紧张感。

不要在周围有很多普通人的地方舒适地生活，

和同你一样的狂热爱好者一起生活。

在那里，痴迷是正常的，雄心壮志将会获得回报。

不采取极端的行动，不会得到极端的结果。

如果你做了大多数人都在做的事，

你会得到大多数人都得到的东西。

不要做一个普通的人。

社会指南是为那些迷失之徒提供的——不是为你。

Master something

想想那些传奇缔造者：

天才、杰出的艺术家、破纪录的运动员，

或是白手起家的亿万富翁。

你觉得那些人的生活很平衡吗？

当然不是。

他们把全部精力集中在一件事上，

这就是他们伟大的原因。

以牺牲一切为代价，追求你的使命。

没有人关心你不擅长什么，你也用不着关心。

放大你的强项。

没人会看到其他方面。

让你生活的其余部分保持无聊。

追剧使人分心。

你的个人生活可以缩减到几乎为零。

把一切都集中到你的使命上。

Master something   123

精通不在于做很多事情，

而是把一件事情做到极致。

你承担得越多，取得的成就就越少。

除了你的使命，对一切说"不"。

这是你对世界所能做的贡献。

你不需要新的想法，

你需要的是掌握已经拥有的想法。

这就是为什么你能无视所有让人分心的事物——

世界上已经没有你需要的信息。

抵抗想要尝试新事物的冲动。

你可以做任何事，但不是每件事。

记住这句谚语："通百艺即无一长。"

你要做的正相反。

你要有一技之长。

你的专注肯定能带来成功。

带着唯一的使命生活、梦想、工作，

你就能完成这个使命。

但要小心财富和名誉。

财富能引你前往你的山顶，

但有时它也能让你越走越远。

名誉试图把你拉离追求精通的深邃道路，

拽向满是奉承的肤浅沟槽。

对名誉永无止境的需求，

最好的回应是说："不，不，不，不，不。"

你要花多久才能成为大师？

这不重要。

想象一下，长途跋涉后，

穿过美丽的森林，登上山顶。

实现目标就像摘下背包。

就是这样。

你做这些是为了旅行，而不是为了到达终点。

如何
度过
这一生？
——追求精通。

由随机性主宰

Let randomness rule

我们以为自己看到了套路和原因，

其实这些并不存在。

我们以为很多事件是有意义的，

其实它们只是巧合。

我们不习惯概率学的逻辑。

生活比看上去更加随意。

同卵双胞胎出生时分开，

分别在世界的两端长大。

他们在晚年相遇，

意外地发现他们拥有同样的爱好和境遇。

你以为是自由意志的东西，其实可能是因为基因。

算法可以精准预测你要去哪里、要做什么，

以及你想要什么。

你不像看起来那样随意。

由随机性主宰

所以，让你的生活变得随机化。

使用一个随机生成器——

用应用程序、骰子或者纸牌

来做出一生中所有的决定。

选择过一种没有选择的生活。

用随机生成器决定你要做什么，去哪里，遇见谁。

这会打乱你的习惯，

推翻因果关系的说法。

将你引导到平时你永远看不见的地方，

做原本你永远不会做的事。

随机性让你的思维变得开阔和敏锐。

你无法预测，所以你能清楚地看到。

你无法使用以前的解决方案和经验法则。

你不能将问题归咎于其他任何人、任何事。

你不认为存在一个总体规划。

作为替代，你要计算概率。

你会非常清楚，统计数据适用于我们所有人，

并且我们比想象中更为普通。

人生不是由原因决定的，

而是由随机性和可能性决定的。

花一分钟做道数学题，

你将更清楚地了解事情为什么会是这样。

让你的随机生成器决定你穿什么衣服、剪什么发型。

让它送你去参加平时不会去的活动，

包括学习平时不会学的技能。

你将成为你原本不会选择的群体中的一员。

最后，

你的外表、行为和社交方式

都会和以前大不相同。

你再也不会用这些东西来定义自己了，

因为不是你选择了它们。

和人交谈时，问一些开放式的问题——

比如"你最大的遗憾是什么？"

这些问题将带来意想不到的故事。

在餐厅点菜时，

问这些问题，让它们给你一个惊喜。

做创造性工作时，

让随机生成器做艺术方面的决定，

改变你平时的风格。

让随机生成器决定你每年住在哪里。

这样会增加其他事情的随机性。

在任何问题上，问任何人原因，

人们会给出解释。

人们认为万事皆有因，不会相信这是随机的。

而你知道万事皆随机，不会相信这都有原因。

随机性有助于你学会接受。

你不能为失败负责。

你不能将成功归功于自己。

你不能为一件并非由你造成的事而后悔。

不用做任何决定，不用预测任何事，这多么自由啊。

斯多葛学派和佛教徒费尽千辛万苦让自己不关心结果。

你会有超脱的感觉，

这是随机生活自然而然产生的副作用。

因为一切都不会有后果，

所以你会以合理的漠然回应一切。

既不沮丧也不欢愉——只是看到事物本来的面貌。

多亏了随机性，你才会知道这些都没有意义。

这是每个人都应学习的一课——

随机事件随时在发生，

你所能控制的只有你的反应。

每天你都要练习如何应对一片狼藉：

不失尊严、泰然自若、优雅得体。

追求痛苦

Pursue pain

一切美好来都源于某种痛苦。

肌肉酸痛使你身体强健，

拼命练习使你走向精通之道。

不愉快的交谈能挽救你的人际关系。

然而，如果你避开了痛苦，那么你也避开了进步。

避开尴尬，同时你也避开了成功。

避开风险，同时你也避开了回报。

诸事顺利时，任何人都能呈现出最好的一面。

但事情出错时，你就会看到他们的真面目。

回忆一下英雄成长故事的经典剧情线，

是危难关头——最痛苦的时刻——成就了英雄。

改进就是改头换面。

它带来了失去安逸的自我的痛苦，

它带来了一系列新问题的痛苦，

财富带来责任的痛苦。

名望带来期待的痛苦。

爱情带来依恋的痛苦。

如果你避开了痛苦，你也就避开了真正想要的东西。

人生的目标不是舒适安逸。

追寻安逸于你而言是有害的。

安逸会使你变得软弱，毫无防备。

如果你过度保护自己，让自己远离痛苦，

那么每个小小的挑战都会让你感觉艰难到无法承受。

人们说他们不做这项工作是因为这很难，

其实这项工作很难，是因为他们没有真正在做。

安逸是悄无声息的杀手，

安逸是难以摆脱的困境。

座椅越柔软，越难以从中起身。

正确的做法永远不会让人感到舒服。

如何面对痛苦，决定了你的自我。

因此，生活之道就是奔向痛苦，

让痛苦成为你的罗盘。

总是选择更难的选项，

总是迫使自己挑战不自在，

无视你的本能。

痛苦的力量由惊讶程度决定。

如果你能预料到，痛苦的力量就会变弱。

如果你选择痛苦，痛苦的力量就消失了。

选择痛苦使痛苦变得可以忍受，

这样它会失去伤害你的力量。

成为它的主人，而非受害者。

追求痛苦

无论如何，痛苦总会到来。
不要用盾牌抵挡。
找个马鞍，
驯化它。

不要祈求好运，

好运会让你自满。

尝试在运气不好的情况下发展自我。

霉运能让你变得机敏而强大。

无论世界给你带来什么，你都能经受更糟糕的情况。

选择疼痛意味着超越你的本能。

好吃的食物对你有害，反之亦然。

所以，不要让你的感受引导你。

追求痛苦

选择小剂量的疼痛，
用来磨炼你对它的抵抗力。

把每天辛苦地练习作为例行公事，

这能让你更好地看待生活中的其他痛苦。

让自己置身于压力巨大的环境之中，

最后，几乎一切看上去都是没有压力的。

在社交方面，试着被拒绝，

学习"拒绝疗法"。

提出你觉得会被拒绝的大胆要求，

这能消除被拒绝的痛苦。

而且你会惊讶，人们经常会说"好的"。

学习外语最好的办法是停止说母语。

无论多么尴尬、多么让人沮丧，只用新语言交流。

不可避免的情况是最好的老师。

但是这很痛苦。

追求痛苦

练习承受各种各样的痛苦。

尝试做一些看似不可能的事情—— 一些让你害怕的事情。

发表演讲，

进行为期十天的静坐禅修，

戒掉一个习惯，

向被你冤枉的人道歉。

如果你付出努力从而避免了失败，不要为自己庆贺。

记住，你想要痛苦。

越早付出代价，代价就越小。

对每个人必须诚实以待。

别再撒谎，一点都不行。

你害怕的时候会撒谎。

为了逃避结果而撒谎。

永远要说实话。

承担痛苦的后果。

你不该无所事事。

你不是天生就该坐在电脑前盯着屏幕看。

你活着是为了推进、牵引、攀登、成长。

迄今为止，你生命中

最令人振奋的经历是勇于挑战。

最自豪的时刻是克服困难。

痛苦过后才是最大的快乐。

追求痛苦

Everything good comes from some kind of pain. Muscle fatigue makes you healthy and strong. The pain of practice leads to mastery. Difficult conversations save your relationships. But if you avoid pain, you avoid improvement, you avoid embarrassment, and you avoid success. Avoid risk, and you avoid reward. Anyone can be their best when things are going well. But when things go wrong, you see who they really are. Remember the classic story arc of the hero's journey. The crisis — the most painful moment — makes the hero. Improvement is transformation. It brings the pain of loss of the comfortable previous self. It brings the pain of a new set of problems. Wealth brings the pain of responsibility. Fame brings the pain of expectations. Love brings the pain of attachment. If you avoid pain, you avoid what you really want. The goal of life is not comfort. Pursuing comfort is both pathetic and bad for you. Comfort makes you weak and unprepared. If you've protected yourself from pain, the next little challenge will feel unbearably difficult. People say they're not doing the work because it's hard. But it's hard because they're not doing the work. Comfort is a silent killer. Comfort, quicksand. The softer the chair, the harder it is to get out of it. The right thing to do is never comfortable. How you face pain determines who you are. Therefore, the way to live is to steer towards the pain. Use it as your compass. Always take the harder option. Always push your discomfort. Ignore your instincts. Pain's power relies on surprise. If you expect it, it's weaker. If you think it's good. Choosing pain makes it bearable. It loses its power to hurt you. You become its master. Its affliction. Pain is coming anyway. Don't get a shield. Get a saddle. And don't wish for good luck. Good luck makes you complacent. Practice thriving with bad luck. Bad luck makes you resourceful and strong. No matter what the world throws your way, you can stand worse. Choosing pain means pushing past your instincts. Feelings that steer good as bad for you, and vice-versa. So don't use your feelings as a guide. Choose

追求痛苦

沙滩边最猛的海浪能把你冲倒，

但这是最好玩的游戏。

既然无法逃避问题，那就寻找有意义的问题。

快乐不是永恒的舒适，

快乐是解决有意义的问题。

这就是我们玩游戏的原因。

游戏都是挑战，

任何挑战都能变成游戏。

英语中"激情（passion）"一词来源于拉丁语"Pati"，意为"遭受或忍受"。

对一件事满腔热情，就是愿意为它受苦——

忍受它所带来的痛苦。

但别成为受虐狂。

做一个研究痛苦的学者。

每次痛苦之中都包含着一个经验，

以及痛苦的原因。

分析它。

理解它。

　　　　　　　　　追求痛苦

"鬼魂"不会离开，直到你理解他们的信息。

问题一直存在，直到你发现并解决它们。

直面它们，他们就会消失。

我们首先学会如何飞行，之后才学会如何登上月球。

在你攻克了·些小问题之后，你会面临更有意义的问题。

面对痛苦，有助于你和他人建立联系。

你的问题从来不是独一无二的。

不管你有什么问题，很多人已经面临过同样的问题了。

我们和那些正在努力奋斗的人产生共鸣。

这比看到有人获胜更能打开我们的心扉。

大多数人无法选择他们所受的苦。

一旦你为自己驯服了痛苦，就该帮助别人驯服它。

安逸的道路通往艰难的未来。

艰难的道路通往安逸的未来。

如何
度过
这一生？
——直面痛苦。

做现在想做的一切

Do whatever you want now

过去？

那是我们给记忆取的名字。
×××××××××××××××××

未来？

那是我们给想象取的名字。
×××××××××××××××××

这两者都存在于你的脑海之中。

只有此刻是真实的时刻，

所以，我们要为此刻而活。

任何现在对你有益的事物，都是正确的选择。

　　　　　　做现在想做的一切

你知道自己喜不喜欢某样东西。

如果有人问你原因，你会开始解释。

但事实就是你喜欢或者不喜欢，

仅此而已。

这就是生活。

做任何你喜欢的事，

不需要解释。

当人们问起生活的意义时，

他们想得到的是一个故事。

但故事并不存在。

生命由10亿个短暂的瞬间组成。

它们不是任何事物的一部分。

人们觉得他们以后肯定会做点什么。

他们觉得将来的时间会比现在更多，

好像"以后"这个时间有魔力一般，

到那时一切都会发生。

忘掉"以后"这一整个概念。

只有今天。

如果你想做什么，那么现在就做。

如果你不想现在做，就说明你并不想做，那就放弃吧。

做任何能让你现在变得开心的事，这样做是明智的。

你开心的时候，能更好地思考，

你的大脑会更加活跃，

你更愿意接受诸多可能性和联想，

你会学得更好，更有创造力。

因此，忘了过去和未来，

全心全意专注于现在吸引你的事吧。

你不需要日程安排。

只需关心能让你兴奋的事。

如果你对正在做的事情兴致缺缺，

那就换一件事。

你不需要计划。

计划只是一种预测，预测你将来可能想要什么。

但未来的你不该被过去的你预测的内容绑架。

所以，永远不要制定计划。

如果有人问起，只要说，

直到那天到来你才知道，

你所知道的一切只有现在。

Do whatever you want now

像坐在莲叶上的青蛙一样过日子。

当它想跳的时候，就跳上另一片莲叶，

待在这片叶子上，直到下次想跳起来。

你的感受很有用。

感觉不好意味着你要行动起来。

感觉很好意味着你做得对。

跟着感觉走，这是最自然也最值得去做的事。

大多数问题和当下的现实无关。

它们是焦虑，担心将来也许会发生不好的事情。

它们是创伤，回忆过去已经发生的不好的事情。

但这些都不是现实。

如果你停下来环顾房间，扪心自问：

现在你真的存在任何问题吗？答案可能是否定的。

除非你正遭受生理疼痛或者身处险境，

其他所有问题都存在于你的脑海之中。

回忆和想象中的未来都非真实，

此刻才是真实且安全的。

患有严重健忘症的人意外地快乐。

他们不记得过去，也不想预测未来，

因为他们没有轨迹可循。

他们所拥有的只有现在，于是他们享受当下，了无牵挂。

以他们为榜样吧。

忘了过去和未来。

幸福是有事可做，有人可爱，有希望可见。

做现在想做的一切

如何
度过
这一生？
——做任何
你现在
想做的事。

成为著名的先驱者

Be a famous pioneer

从来没有人在4分钟内跑完1英里①。

这似乎是不可能的。

而有一天，罗杰·班尼斯特做到了，

消息传遍了全世界。

接下来的两年里，37个人同样做到了。

这就是先驱者的力量——

把不可能变成可能，

开启一个充满可能性的新世界。

告诉其他人，他们也能做到，甚至可以做得更好。

探险家们发现未知的大陆，带回陌生文明的故事，

激励了其他人走上探索之路。

旧的终点成为新的起点。

---

① 1英里约等于1609.344米。

阿希尔-克劳德·德彪西、查理·帕克、吉米·亨德里克斯和拉基姆开辟了新的音乐之路。

罗莎·帕克斯、萨莉·赖德和马拉拉·优素福·扎伊打破了无形的障碍，激励了其他人站起来。

诸如蒂姆·费里斯、A.J.雅各布斯等现代探索者，不是在寻找未知的土地，而是在探寻未知的生活方式。

他们每一个人都向我们展示了全新的可能性。

这些先驱者很有价值，

因为他们出名了。

如果默默无闻地尝试创新，

将不会产生任何影响。

马可·波罗不是第一个到达中国的欧洲人，

但他是第一个把此经历写成书的人。

此后，他的书启发了克里斯托弗·哥伦布等人。

Be a famous pioneer

如今，

成千上万的年轻人

很可能过着他们祖辈完全不理解的生活。

他们拥有更多选择，

这多亏了先驱者的大胆开拓。

他们给世界带来巨大的影响，

因为他们的故事，

人们做了他们原本做梦都想不到的事。

一位著名的先驱对人类进步做出的贡献，

比平凡度日的10亿人所做的还要多。

因此，如果你想过最刺激的生活，

同时造福全人类，

那么成为著名的先驱者就是你的生活方式。

走向新的极端，

尝试新的想法，

探访未曾发现的文明。

证明你可以做到。

你的工作不仅仅是行动起来，

更是讲述引人入胜的故事——

关于你如何做到的故事，

同时激励其他人也去做这件事。

进行伟大的探险，还要讲述更伟大的故事，

寻求媒体的关注。

这不是虚荣或者自满，

而是为了让你的故事能够开阔别人的思路，

激发别人的想象，

开始更进一步的探索。

以下是最好的方法：

首先，**取个艺名。**

创建一家同名的公司，

这家公司拥有你所做的一切的版权。

但永远不要透露你的真名。

这是为了保护你不被你即将拥有的名声束缚住。

找一位作家和一位营销人员来创作你的首次开拓之旅。

在开始之前，

和作家合作，创作出**精彩的剧情线**。

举个例子：

这个故事不仅仅关于你如何逃离危险的组织，更关于你如
何加入组织，与敌人坠入爱河，几乎快要暴露，差点被
抓，后来让抓你的人改变主意才得以逃脱，最终学到了一
些有意思又反套路的经验。

向营销人员咨询，确保媒体会对此感兴趣。

然后开始你的表演。

把所有事都录下来。

想办法让这些剧情发生在**现实生活**中。

做完以后，让你的作家把它写成一个精彩的故事，为不同渠道提供不同长度的版本——让它成为一篇佳作、一本好书、一段优质的视频、一个精彩的电影剧本、一场优秀的公演，诸如此类。

让营销人员卖力**推广**这个故事——

让它每天在热门平台上随处可见。

雇用一位业务经理，

让其把关注度转化为收益。

把一半收益用在业务上，另一半存进你的个人账户。

Be a famous pioneer

当你的团队正在推广你的上一次探险经历时，

和作家一起准备下一次的内容。

一旦故事火了，你面临的最大挑战就是不断创作——

因为要保持住这个势头。

只要你愿意，重复这个过程。

你将打开新的大门，

做更多不可思议的事情。

那么，怎么收尾呢？

两种方法，其一是：

如果这样的生活真的是你的命运，

那就一直做下去，

推自己一把，看看你能走多远。

如果你在一场探险中丧命，你也会幸福地离去，

因为你知道自己已经尽了最大的努力。

但是，如果你开始觉得受够了，那就写下结尾。

在最后一个故事中将你公开的身份写死。

因为你已经出名了，所以这需要一个详细的计划。

这就是为什么从一开始就要使用艺名和成立公司。

在一个平凡的、意想不到的地方，

悄悄用真名买下一栋房子。

买一些二手衣服，练习改变外貌和声音。

确保你的公司在可靠的人手里，由信得过的人经营。

成为著名的先驱者

然后，当你的最后一个故事拍摄完成，

租一艘小船，消失在海边，让所有人都以为你已经去世。

脱离之前的身份，隐姓埋名，过上新生活。

成名有一点好处——即使没有你，你的名声仍在继续。

在接下来几十年里，你观察世界的时候，

如果看到很多人超越了你，还贬低你的开拓之旅，

那么感到高兴吧。

谢幕是你最后的慷慨之举，

这为后人留下了参与的空间。

追逐未来

Chase the future

活在明天的世界里。

周围只有全新的、即将到来的事物。

这就是生活。

这是最积极乐观的环境，

充满希望和前景。

这是最聪明的生活方式。

你前进时应该注意方向。

朝着事物发展的方向前进。

这是最刺激的生活方式。

每天都像小孩子的生日一样，有着惊人的新突破。

这能让你的大脑保持健康、年轻和活跃。

因为一切都是新的，你不会依赖假设和习惯。

你会全神贯注，每天坚持学习。

追逐未来

你可以搬去韩国，在仁川松岛买一套公寓。

或者搬去其他重视新事物的地方。

做一名未来主义者、一名科技记者。

时刻走在新事物前沿，

这样一来，对你而言几乎没有新事物。

每一项新发明为世界所知之前，

你都会事先了解。

学习每个领域的基础知识，

以便了解物流、化学或其他领域的新成果。

只听新歌。

只看新节目。

只用最新媒体。

一周后送掉所有你没用过的东西，

别让所有权将你束缚在过去。

不要投入任何一件事。

只沉浸于接下来的事。

把社交时间花在结交新朋友上。

你和去年甚至上周的你都不一样了。

但在老友和家人的眼里，你和过去一样，

他们在无意中阻碍你成长。

改变个人的日常生活。

当某件事成为习惯时，戒掉它。

每个月去一趟中国。

在那里，一切变化如此之快，

一个多月没见就会跟不上最新情况。

每年去一趟新加坡、雅加达、亚的斯亚贝巴、

拉各斯、孟买、胡志明市和硅谷。

每一处都在以截然不同的方式创造未来。

别去欧洲或者其他住过的地方。

抗拒变革的地方没有任何对未来的展望，只留有回忆。

昨日一去不复返。

过去已死。

复活它只会得到鬼魂和僵尸。

反对惯例，因为事物本身并不如此。

奴隶制曾是一种惯例。

活人献祭曾是一种惯例。

剥夺女性的人权曾是一种惯例。

有一天，我们现在的惯例看起来会和这些一样不正确。

既然你生活在未来，

那么从现在开始，谴责这些惯例。

以这种方式生活，

最大的好处是你切断所有的联系，永不回头。

每天都像得了健忘症一样度过，

无论你过去经历过什么创伤，它不会再影响你了。

在你的世界，过去没有一点力量。

追逐未来

如何

度过

这一生？

——追逐未来。

只重视经久不衰的事物

Value only what has endured

一件事持续得越久，它以后持续的时间可能会越长。

一些已经存在了一年的东西，可能还会再留存一年。

一些已经存在了50年的东西，可能还会再留存50年。

只有强者才能生存，所以那些几十年后依然存在的东西

证明是制作精良、深受喜爱的。

一件事物持续得越久，就有越多人知道它、依赖它，

这巩固了它在这世上的地位。

只有这些经过验证的东西才值得你花费时间和精力。

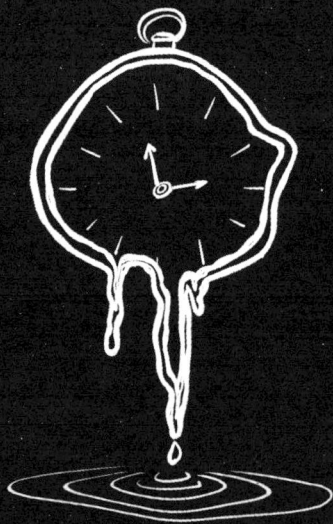

回想一下10年之前。

还记得当时媒体大肆宣传的未来科技吗？

其中有多少留下来了呢？

这很难回忆起来，

因为从那时起，我们再也没有听说过其中的大部分，

它们没能经受住时间的考验。

古老的技术并不能激动人心，

因为它们的变化没有那么快。

但它们更为重要。

加密电子货币和滤水技术相比，

虚拟现实和空调相比，

谁更受媒体关注？

谁又更重要呢？

Value only what has endured

媒体聚焦于新事物，因为能从中获利。

他们的关注让新事物显得很重要，

但只有时间能证明一切。

新事物有一些好处，但也有更深层次的坏处，

比如导致上瘾、污染、分散注意力或者浪费时间。

市场营销大肆宣扬其中优势，同时遮掩了这些危害。

但是很少有利大于弊的情况。

只有时间能证明一切。

买新东西的乐趣会在几天甚至几小时内消散，

有那么多痛苦来源于放纵于眼前无用的事物。

因此，生活的方式是忽视一切新事物。

所有，全部。

×××××××××

让时间的考验筛选一切。

只重视经久不衰的事物。

不要理会营销和广告。

没人会推销真正重要的东西——

友谊、自然、家庭、学习、社群。

生活中最美好的事物不是物品。

不要理会任何新闻。

如果事情重要，那么最终会出现一本以此为题材的好书。

当有人问起你怎么看最近的新闻，

自豪地表示你没有意见。

承认你根本没有考虑过——也不打算考虑，

因为这并不重要。

放纵很常见。

克制才罕见。

Value only what has endured

新闻的世界纷纷扰扰，因为媒体不得不大肆宣传。

他们试图让你关注一些实际上根本不重要的事。

他们制造了一种虚假的紧迫感、社会地位、恐惧、震惊，

或是任何可能操纵你内心、触发心理因素的伎俩。

相比之下，真正重要的事情悄然无息。

当你把嘈杂拒于门外，生活就无比平静。

现代生活是肤浅、扰人心烦的。

永不过时的生活是深刻的、全神贯注的。

活在过去。

看有史以来最棒的电影。

读经典名著。

听传说故事。

这些事物能经久不衰，是因为它们很有效。

时间是最好的过滤器。

什么技术未来前景最好？

过去最辉煌的那种。

成为最后一个用这项技术的人，

在它更便宜、更优质、不再变化之后，再使用它。

心疼这项技术的早期使用者，

他们在试错，就像第一只被捕鼠器夹住的老鼠。

科技进步的速度比智慧更快。

更明智的做法是按照智慧的节奏行事。

用不着买绷带，除非你受伤了。

当你需要一件外套、一张桌子或一间房子的时候，

找一个二手货。

它们制作特别精良——比任何新产品都要结实、漂亮。

它们比你更长寿。

Value only what has endured

试着改良老旧物品之前，弄清楚它为什么是这样的。

永远不要自以为过去的人很无知，

他们这样做是有充分理由的。

研究过去——理解切斯特顿栅栏法则，

在你以为自己懂得更多之前。

研究历史、传统和文化，

了解尚未被全球化同化的地方。

一个人丧失记忆，也就丧失了理智，

一种文化丧失传统，也会丧失理智。

世界会变得疯狂，因为它不再知道自己是谁了。

只重视经久不衰的事物

搬去一个抗拒现代化、能自给自足的小镇。

理想的情况是一个百年未变、今后百年也不会变的地方。

在户外消磨时间。

在大自然中寻找快乐和美景。

这会提醒你，你不需要现代社会提倡的任何东西。

他们叫嚣的一切很快就会消失。

学一些经过时间考验的技能，

那些技能在你祖辈那个时代和今天一样实用。

例如交谈、写作、园艺、会计和生存技能。

这些技能一个世纪以来几乎没变过。

也不太可能在你的一生中改变。

Master the fundamentals, not new tricks.
Learn the timeless aspects of your craft.
This knowledge will never lose its value.
In any given field, learn the oldest thing
still around, since
it's the one most likely to last.

掌握基本原理，而不是新技巧。

学习一门手艺永不过时的一面，

这种知识永远不会失去价值。

在任何领域，都要学习尚存的最古老的事物，

因为它最有可能得以延续。

成为一名地质学家。

你将测量数百年以来的事物。

你的时间线变得如此之长，

似乎山脉都在变化，

整个现代世界就像一座沙堡，

在一天之内建成，又在一天之内被冲走。

因此，忽略新事物，你将从各个方面改善生活。

更好地投入时间。

更平和的心境。

更优质的物品和娱乐项目。

更好的技能。

更好的视角。

更好的一切。

Value only what has endured

生活最好的方式，就是只重视经久不衰的事物。

学习

Learn

学习的作用被低估了。

人们想知道为什么自己没有过上向往的生活。

因为他们从未学会怎样才能过上这样的生活。

学会养成健康的习惯，才能身体健康。

学会使用有用的技能，才能财源滚滚。

学会运用人际交往技巧，才能得以建立良好的人际关系。

大部分的痛苦缘于没有学会这些事。

学习最大的障碍是你以为自己已经懂了。

自信往往意味着无知。

永远不要以为自己是专家。

溺水的常常是最强的游泳健将。

不要相信你的想法。

带着问题，而不是答案。

质疑一切。

最容易受骗的人是你自己。

不要急于回答难题。

不要止步于第一个答案。

悬疑故事中出现的第一个嫌疑人，往往不是真凶。

如果你不觉得去年的想法很尴尬，

那么你要学得更多更快了。

当你真正在学习的时候，

你会觉得自己愚昧无知，

不堪一击——就像贝壳里的寄居蟹。

每天都要有让你惊讶的事。

当你有了新的视角，抓住那个激动人心的瞬间。

就像一部电影在结尾揭示了一些事情，

改变你对之前看过的全部内容的看法。

如果这样的时刻对你来说不常有，

那就寻找新的信息输入。

无论你害怕什么，去做吧。

之后你就不会再害怕了。

无论你讨厌什么，去了解它。

之后你就不会再讨厌它了。

和你平时回避的人聊聊。

探寻你一无所知的话题和前所未有的经历。

如果你不觉得惊讶——你不觉得大脑有所改变，

那么你没有真正在学习。

不要和过去的自己保持一致。

只有笨蛋才永远不会改变想法。

舍弃你过去的信念、过去的方式。

学习之路上会留有一些消亡的痕迹。

记住你学到的东西。

知道你为什么要学。

没有情感支撑，信息就不会牢记于脑海。

享受乐趣的时候，你会学得更好。

Learn

记笔记。

经常复习笔记。

制作小卡片提醒未来的自己，今天学到了什么。

每隔一段时间做个自我测试。

知识会逐渐消失，除非你一直刷新它。

将知识内化于心。

不要指望有需要的时候再去查。

把它融入你的思维方式。

走出房间，在现实世界中测试新学的技能。

到事情发生的实地，不惜一切代价去做。

一种发自内心的、鲜明的危机感

比语言更能把你教会。

知识经常被简单地描述为——**"简而言之"**。

但简明的话语内部是复杂的。

所以，把简明的话语嚼碎，更好地理解它们。

把概念放进果壳，装在口袋里，将它们传递。

和其他人交流知识，确保你能理解。

不要引用别人的话。

用自己的语言表述，不要查阅或者参考别人的话。

如果你不能自己解释知识，就表示你还没有理解。

想要清楚地沟通，必须清晰地思考。

写作是精炼的思考。

公共演讲能在真实的观众面前检验你的写作水平。

精彩的公共演讲来源于优秀的个人思考。

教与学是一种心灵感应。

我们可以跨越山海、跨越世界相连。

旧时或远方的人写下来的话，可以渗透你的心灵。

分享你所学的知识，

以便让他人接受，即使你离世已久，也能传达到。

学习使你成为更好的人，学习使世界变得更美好。

学习是你无法失去的追求。

随着年龄的增长，你会失去壮实的肌肉和美貌，

但是你不会失去智慧。

如何
度过
这一生？
——学习。

遵循巨著的指引

Follow the great book

你知道你心目中的巨著是什么。

你的书比你更具智慧。

它描述了自然法则——我们世界的运作方式。

这不仅仅是某个人的观点。

它为你每天面临的选择提供了明确的答案。

不要以为你懂得更多。

　　　　　　　　　　　遵循巨著的指引

人们说，他们想自己做决定。

但是想象一下，你面临着生死攸关的医疗状况，于是你冲向医生。医生说道："我们可以采取数百种不同的方式，你来决定。这取决于你。"

你会说："不！你是医生，你是专家，你最清楚。你来决定，告诉我要做什么。"

你的书就是告诉你如何度过这一生的专家。

它已经帮助了数以百万的人。

听从它的智慧。

你的书为和你同类的人而写。

你不是人类中的例外。

它的规则适用于你，

能引导你过上美好的生活。

如果你的书是一本古书，你可能觉得它不够好，

因为它没有提到现代生活。

然而，没有什么真正全新的事物。

道德准则好像在近代发生了变化，

但其实它在更长的历史中并未改变。

如果更新一下语言和参考文献，

你会发现数千年前创作的书和现在写的差不多。

人类的处境未曾改变。

你的书中蕴含着一切你所需的智慧。

阅读书中蕴含的智慧，将其运用到现代生活中。

你不缺方向。

你的方向太多了。

开放的思维，就像张开的嘴巴，

遇到一些事终究还是要闭上。

不要偏离方向，追逐新的引导者。

专注走一条平稳的道路。

遵循巨著的指引，就是度过这一生的方法。

首先，让自己分裂"重生"。

放弃原来的人格，

创造一个与原来不同的全新自我。

让亲朋好友知道，你变了。

随身携带你的书，随时作为一份提醒和参考。

每天，在任何情况下都要参照它的规则。

记住其中关键的论述。

思考时把它放在首要位置。

　　　　　　　　　遵循巨著的指引

Following rules is smart.
It's efficient.
You don't need to stop and re-think every situation.

遵循书中的规则是明智的做法。

这样很有效率。

你不必停下脚步，重新思考每一种情形。

"追随你的热情"是个糟糕的主意。

短暂的兴趣就像一个坏掉的指南针。

热情消失得太快，

追随热情会让人像小狗追泡泡一样四处奔波。

不要追随你的心。

你的心被入侵了。

你的直觉往往是错的，

因为直觉只是一种情感，

潜意识中受到不分是非的信息的影响。

情感是一种野生动物。

你需要用规则驯化它们。

规则让你从欲望中解脱。

当你超越直觉时，你仍然能感受到直觉，

却不再凭直觉行事了。

追随情感并非自由。

不受情感影响才是自由。

　　　　　　　　　遵循巨著的指引

当你不再追随情感，只做正确的事，

那么你最终会得到长期所求之物。

正是这些情感一直使你分心。

那么，正确的做法是什么呢？

做会带来好结果的行为？

做感觉不错的举动？

并非如此。

做你书中指定的行为。

无须你做判断或是决定。

只需遵循规则，相信这条道路即可。

规则必须是绝对牢不可破的。

如果每次都要纠结能不能打破规则，

那么你就没有理解规则的全部要领。

规则是为了让你免于做决定。

这就是为什么严格的规定更容易被遵守。

自律把意图化为行动。

自律意味着从不拖延。

自律意味着现在。

选择承受自律之痛，而非遗憾之痛。

偶尔放纵一会儿似乎对你无害，

但是成年累月的放纵就会变成祸患。

如果不自律，一些小事就能让人堕落。

自我克制总有好处。

自我克制总是对的。

这是全球通用的法则。

人的自制力在早上最强，

随着时间逐渐减弱，

所以每天下午都要回顾你书中的规则。

身体自律有助于内心自律。

做到表里如一。

清理房屋有助于清心。

自律帮你到达目的地。

不自律，你会被引入歧途。

如果不服从规则，

能言善辩的人和科技就会引诱你走他们的路。

人们恳求你改变规则以适应他们的安排。

所以，当你拒绝的时候，把责任推给你的书。

说"书里是这样讲的"，这样能帮你减轻责任的负担。

如果有人质疑你的选择，或者要求你解释，

只需告诉他们："书里是这样讲的。"

坚持这一点，不用精疲力竭地和人辩论。

有些人可能会通过违反规则的手段超越你。

但是记住：

世上那些悲惨的、家庭破碎的、贫穷的人

是违反规则的另一种后果。

失败者比成功者多得多。

规则可能会让你无法攀上极高的高峰，

但却能让你永远不会跌入太低的低谷。

生活的定义不仅仅是肤浅的快乐。

美好的生活是做出贡献。

美好的生活是抵制诱惑。

美好的生活是尽力做到最好。

美好的生活是孜孜不倦地遵循巨著的指引。

笑着面对生活

Laugh at life

一只大猩猩用手语讲笑话。

我们为此惊讶不已。

它展现了一个灵魂想表达的全部内容。

但如果一个人缺乏幽默感，情况恰恰相反。

那些人已经失去了生命的意义。

一位康复中的住院患者开了个玩笑。

我们松了口气——

不仅仅是身体，他们的灵魂都还活着。

但当一位以前很开朗的患者失去幽默感时，

我们有理由担心，

他正在丧失生命的火花。

这告诉我们什么？

**Humor is the spirit of life —
a sign of a healthy, vibrant
mind and soul.**

幽默是生命的精髓——

是健康有活力的心灵和灵魂的象征。

幽默意味着超越所需、超越现实，

用你的内心进行观察和想象。

这就是我们钦佩才思敏捷之人的原因。

这说明你能迅速从多个角度看待事物，

找到最让你开心的一个，并周全地传达给别人。

观察、创造和共情，所有这些都在一瞬间完成。

有什么比这更能体现健康的头脑呢?

想想任意一部动作片，

主角以为自己困住了反派，但接着反派开始大笑。

笑？

他知道什么我们所不知的事？

当他似乎被逼入绝境的时候，

有什么看不见的优势让他发笑？

笑对某件事物，意味着超越了这件事物。

幽默展现了**内在的控制**。

想想那些喜剧主角，

比如查理·卓别林、成龙、吉姆·凯瑞、《美丽人生》中
的罗伯托·贝尼尼。

他们风趣幽默、富有创意、适应性强、

不惧权威、不受规范约束，

以此取胜。

那些太过严肃对待生活的人恰恰相反，

他们处于不利的境地。

无论你要做什么，总会有一种有趣又有创意的做法。

游戏人生赋予你个人的自主权和能力。

当孩子们玩假装游戏时，一切都可能发生。

游戏人生，就是不受约束。

你可以什么都不在乎。

以任何你想要的方式应对生活中发生的事。

没什么事一定会让你失望。

糟糕的境况会让人感到劳神费力，

一笑置之表明你已经脱离了这种境况。

幽默让你和一件事保持距离。

喜剧是附加时间的悲剧。

在时间面前，一切是那么渺小，

因为所有事都没有看起来那么糟糕。

而幽默能立即做到这一点。

笑着面对生活

有人说生活很难。

喜剧演员说："和什么比呢？"

喜剧演员是哲学家。

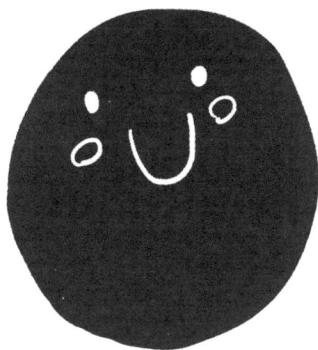

幽默有助于你从一个不可思议的全新角度

看待熟悉的事物。

它提醒了你，伟大的真理并不存在。

所有信念都可能被推翻。

所有信念都可以被嘲弄。

没有人知道一切。

明白了吗?

笑是具有颠覆性的。

喜剧不在乎什么是真的，你也不应该在乎。

任何让你快乐的事都是有效的。

幽默超越理性。

生活是没有意义的。

这正是有趣之处。

此外，幽默让你很有吸引力。

所有人都想和一个更有趣的人在一块儿。

在生活的每一刻，选择任何能逗你开心的举动或视角。

如何度过这一生？——笑着面对生活。

做好最坏的准备

Prepare for the worst

事情会变得更难。

未来将考验你的实力。

至今为止，你生活在一个繁荣的时代。

你未曾经历过大规模的灾难，但以后可能会。

赚钱会变得更难。

快乐会变得更难。

你现在所爱的很多东西都会消失。

回顾今年，你会发现这是你经历过的最轻松的一年。

你会受伤，会生病，失去视力、听力、行动力、思考力。

你会祈求现在拥有的健康。

做好最坏的准备

如何才能在不可知的未来发展？

做好最坏的准备。

训练你的头脑，为可能发生的一切做好准备。

这就是度过这一生的方法。

未来不可测也不可控。

想象一下所有可能出错的事。

为每件事做好准备，

这样你就不会因这些事而惊讶或受伤。

别担心。

你不会因此而情绪化，

只需做好预测，做好准备。

还记得蚂蚁和蚂蚱的寓言故事吗？

蚂蚱只会享受夏天，嘲笑蚂蚁不休息却辛苦干活。

之后冬天来临，蚂蚱饿死了，但蚂蚁却提前做好了准备。

灾难会突然降临，没有预警。

意料之外的悲剧最具伤害性。

但如果你已经料到了，你就削弱了它的力量。

你知道每座山背后的挑战是什么吗？
是更多的山。

Expecting life to be wonderful is disappointing.
Expecting life to be disappointing is wonderful.
If you expect to be disappointed, you won't be.

预期过上精彩的生活，往往让人失望。

预期过上失意的生活，往往给人惊喜。

如果你预料到会失望，那么你就不会失望。

生动地想象一下最糟糕的情形，

直到觉得画面非常真实。

接受这些情形，会得到终极的快乐和安全感。

认识到最坏的情况也没有那么糟糕。

人们谈论悲观主义和乐观主义的时候常说：

"杯子是半空的还是半满的？"

但山顶洞人会说："天哪！一个玻璃杯！好伟大的发明

啊！我看得到我要喝的东西！太神奇了吧！一条毯子！一

把椅子！一张床！还有吃的已经准备好，就等我吃了？这

里是天堂！"

你不必做一个山顶洞人，环顾四周，

想象没有这些条件的生活，你就会感叹现在的舒适。

接着，想象一下找到避难所以后的如释重负，

控制范围内，想用火就用的欣喜，

接到热水的满足感。

想要充分欣赏某样东西，就想象一下失去它的场景。

想象自己失去自由、名誉、财富和家庭。

想象自己失去视力、听力、行走和说话的能力。

想象自己所爱之人明天就会逝去。

永远不要以为拥有这些是理所当然的。

奢侈的享受是幸福之敌，因为你适应了它带来的舒适感。

奢侈让你迁就、软弱、更难得到满足。

同情那些无法享受最好的东西的人。

永远不要接受奢侈的生活，

否则你会觉得很难再过简朴的日子，

因为你会有失落感。

舒适感会降低你未来的幸福感。

你会因为饭菜不如意而心烦，

或者因为手机信号差而生气。

你失去了欣赏的能力。

你忘记去想事情可能会多糟糕。

练习过不舒服的生活，即使是通过一些小事。

用走楼梯代替坐电梯。

一天不吃东西，或者一个月不吃糖。

参加为期一周的小型露营。

和不适感交朋友，这样你就永远不会怕它。

　　　　　　　做好最坏的准备

贪得无厌是你最大的敌人。

意识到你渴望享受生活，然后打破这个习惯。

练习对你所拥有的一切感到幸福。

拥有尽可能少的东西。

当你意识到自己依赖某物，就扔掉它，证明你不需要它。

你拥有得越少，能失去的也就越少。

什么都不想要，那就没有什么会让你失望。

什么都不想要，那就没有什么你无法控制。

什么都不想要，那么命运就伤害不了你。

区分在你掌控范围之内和之外的事物。

如果你无法掌控一件事，那就把它抛到脑后。

试图掌控结果，会让你失望和怨恨。

只关注自己的想法和行动就好。

生活环境其实不会改变你的幸福感。

瘫痪的人也好，中奖的人也好，

他们都会变得和从前一样快乐。

所以，不要依赖环境。

所有发生的事都是中性的。

是你的想法给它贴上了好坏的标签。

改变幸福感的唯一途径，就是改变你的想法。

The only way to change your happiness is to change your beliefs.

你会因为某个人而生气吗?

你会因为某种状况而难过吗?

不会。

这些心情的产生都是因为你自己。

没有什么是好的或者坏的。

而你只是做出反应,好像它们有好有坏一样。

发生不好的事情时,问一问:

"这件事有没有好的地方?"

与其改变世界,不如改变你的反应。

有事发生时,不要去解释它。

没有故事,没有 **"本该如何"**,

没有判断,甚至没有看法。

这样才算看得清楚明白。

你以怀有感激之情的冷淡之心为目标。

中了彩票?

被人冤枉?

出名了?

在事故中失明?

这些都无所谓，因为无论哪一种情况你都可以接受。

不要纠结于结果，无论发生什么，都保持良好的心态。

我的邻居养了一条狗，它会攻击陌生人，

甚至咬过一个孩子。

人们抱怨的时候，邻居说他无能为力。

"狗就是狗。"

非也！

狗是可以驯服的。

他只是从未训练过他的狗。

他表现得好像这种情况他无能为力，

把这变成了其他人的问题。

大多数人正是这样看待自己的情绪的。

他们说："我控制不了我的感觉。"

非也！

感觉也是可以驯服的。

在你的掌控之下。

问题来源于对自己的宽容度。

作为替代，像驯犬一样训练你的感情。

肤浅的快乐是吃甜甜圈。

深层的快乐是强健体魄。

肤浅的快乐是你现在想要之物。

深层的快乐是你最为渴求之物。

肤浅的快乐服务于现在。

深层的快乐服务于未来。

肤浅的快乐是试图征服世界。

深层的快乐是征服你的自我。

肤浅的快乐是追求欢愉。

深层的快乐是追求成就。

成就感比乐趣更有趣。

去你最喜欢的地方。

听你最喜欢的音乐。

吃你最喜欢的事物。

触碰你最喜欢的人。

这有可能是你最后一次做这些事，

所以要充分珍惜每时每刻。

这些都是对死亡的演练。

死亡来临时，你会像对待其他事物一样不在乎。

因为一直以来你都在为此做准备。

Prepare for the worst

为他人而活

Live for others

专注于自身似乎是更聪明也更简单的做法，

但这是目光短浅的。

这样做忽视了合作的巨大好处。

比较不同的生存策略。

你可以在掩体里储存食物和弹药，为灾难做好准备。

但你还可以怎样做呢：

你让自己成为社群中不可或缺的一员。

你树立了乐于助人、慷慨大方的名声。

你身边有很多人关心你的健康和幸福。

显然，这是一种更好的策略。

　　　　　　　为他人而活

即使你更喜欢独处，也不得不承认，

成为一个群体中有价值的一员，是一种更聪明的做法。

确保自己安全的最好方法，是帮助别人保持安全。

建立联系的最好方法，是帮助别人建立联系。

人们互相关照。

但是没有人会帮助无用之人。

事实上，你无法真正做到自力更生。

想要提升自己，终究还是需要靠身边的人。

永远不要说："这不是我的问题。"

我们在一条船上。

有益于你所在社群的事也有益于你。

任何影响别人的事也会影响你。

你的生活质量和你所在社群、邻里和国家息息相关。

在一个病态的社会里，你不可能过得健康。

心理学家、哲学家对一件事有共识：

帮助他人比只顾自己更能获得幸福。

给予比接受更使人快乐。

拥有密切社会关系的人寿命更长，活得更健康快乐。

最悲惨的是那些自私的人。

所以，和自私的做法背道而弛吧。

如何度过这一生？——为他人而活。

20岁以后，你要有意识地努力交新朋友。

朋友是结交的，不会偶然遇到。

如果你发自内心地欣赏某人，

并真正理解他们的兴趣，你们就会成为朋友。

问开放性的问题，了解他们的想法。

让他们详细聊聊他们的故事。

表现出你很感兴趣。

允许沉默。

不要填补沉默。

沉默可以给出思考的空间，

也可以邀请人们在没有压力的情况下做出贡献。

闲聊只是一种配合对方语气和情绪的方式。

这能让他们感觉和你相处很舒服。

热情开放地对待你遇到的每一个人，全身心投入其中。

自信能吸引好感。

脆弱使人受欢迎。

假设每个人都和你一样聪明深邃。

假设人们的性情是他们的天性，

而不是他们的过错。

你不能因为一个人长得很高而生气，

同理，不要因为他们的表现而生气。

欣赏差异。

和你的克隆人聊天会很无聊。

每当你想到别人的优点时，告诉他们。

一句真诚的赞美可以赋予他人能量。

人们总是听不够夸自己的话。

表里如一。

只有你始终如一，别人才会依靠你。

定期和朋友见面来维持每段友谊，

这样你们之间的关系会变得更为牢固。

对待朋友要有耐心，即便几年才见一次。

真正的友谊不会走到终点。

人际关系比人更微妙。

人际关系可能会被一个不妥当的词毁掉。

抑制愤怒的心情，不要表露这种情绪，

让它随风而散吧。

永远不要丧失冷静。

不要发泄。

无论你心情如何，总是保持友善。

想象一下如果你得知明天有人会死。

想象一下你会对他们多么关注，多么同情，多么慷慨。

想象一下你会如何原谅他们的错误。

想象一下为了让他们在这世上的最后一天过得最好，

你会做些什么。

现在，每天都像这样对待每个人。

有时你的确需要情感支撑。

你正在经历一段艰难的时期，或者做一个重大的决定。

你需要以别人的视角看待自己的处境。

亲朋好友可以给你带来极大的安慰。

你向他们分享烦恼，他们会为你分担重担。

他们深切地关心着你，但并没有那么心烦意乱，

所以你通过他们的眼睛看到自己，

并意识到事情并不像感觉的那样糟糕。

一位客观的导师甚至可以发挥更大的作用。

这个人没那么大同情心，他能不带偏见地看待事物。

尽量不带夸张地总结自己的处境。

听到自己讲述这个版本的故事，可以让你的情绪强度变弱。

就像他人看待你一样看待自己：

在更远大的图景中扮演一个更小的角色。

出于同样的原因，有些人喜欢互助小组。

向一群冷漠的陌生人讲述自己的故事，

既能分享痛苦，也能减轻痛苦。

商业成功源于帮助别人——为大多数人带来最大的幸福。

最好的营销是为他人着想。

最好的销售方法是倾听。

为顾客的需求服务，而不是为自己的需求。

一桩做得好的生意，是待人慷慨、专注他人的。

它使你脱离自我，为人类服务。

为他人而活，最极端的生活方式是变得有名。

开诚布公地做所有事，所有事都为了公众而做。

分享你所做的一切，即使这是额外的工作。

这样做意味着把你自己奉献给了世界。

但是成名也意味着你永远无法得到足够的回报。

　　　　　　　　　　为他人而活

你应该不断增强关怀之心，

直到关怀的范围超越你所属的社群、国家、世代和物种。

像关心家人一样关心世界各地的陌生人。

像关心人类一样关心各种形态的生命。

如何
度过
这一生？
——为他人
而活。

发家致富

Get rich

先不要做出判决。

赚钱不是邪恶、贪婪、肤浅或虚荣的事。

金钱不是你身为人类的价值，也不是爱的替代品。

但不要假装金钱无关紧要。

金钱可以代表自由、安全、经验、慷慨、魅力、权力

或任何你想要的东西。

事实上，金钱和数学一样是中性的。

因为中性，所以人们把各种各样的意义投射到金钱上。

你致富的最大障碍是你为金钱附加了有害的意义。

你最大的优势可能是赋予金钱有益的意义。

让它表明你走在正确的道路上。

让它成为一场游戏。

让它代表你是自由的。

或者这样考虑：

货币不过是一种中性的价值交换。

赚钱证明你在为人们的生活增添价值。

想要发家致富，就是想对世界做出贡献。

赚钱意味着努力为他人做更多的事。

提供更多的服务。

进行更多的分享。

做出更多的贡献。

世界因你创造价值而奖励你。

追求财富，

因为财富是道德的、美好的、无限的事物。

金钱是社会性的。

它的发明是为了在人与人之间转移价值。

一份工作的报酬高于另一份，

是因为它有更高的社会价值。

要致富，就不要想什么东西对你有价值。

想一想什么对他人有价值。

揭不开锅的艺术家宣扬的陈词滥调与此恰恰相反：

创造对自己而不是对别人有价值的事物。

金钱不会在乎你的种族、性别、教育程度、

体格、家庭或国籍。

任何人都可能变得有钱。

有些人一定会变得有钱，这个人最好就是你。

和其他技能一样，赚钱也是一项技能。

像学习和练习其他技能一样，学习并练习赚钱。

金钱是巨大的动力来源。

它比武力、规则、惩罚或是对慷慨的呼吁更有效。

伟大的艺术是为了追求利益而创作的。

268

数字揭示了真相和机遇。

你所拥有或听说的每一个商业想法，

都要通过数学运算进行预测，考虑可能带来的影响。

像艺术家研究卓越艺术一样，研究盈利的公司。

将他们最好的技巧运用到自己的追求之中。

数学运算有助于你进行批判性思考，实事求是，

做出更好的决定。

这个世界到处都是钱。

不存在金钱短缺。

所以，抓住你创造的价值。

为你做的事收费。

不求回报就创造价值，这种做法是难以维持的.

记住，很多人乐于付钱，

花的钱越多，人们就越看重。

通过收取更高费用，

你其实是在帮助人们使用它、欣赏它。

比适合你目前的自我印象的定价，收取更高的费用。

为自己定更高的价，然后提升自己，配上这个价值。

全身心投入致富之路，否则不可能成功。

改变自我印象，和自己达成共识，

认为你应该会、也总有一天会变得富有。

如果你下意识觉得自己不值得，

那你的追求将被自己毁灭。

但如果你真心觉得自己值得，

你会不惜一切代价去实现它。

所以，首先要改变你的自我印象。

不要只追求安逸。

只是日子过得去的话，不能让世界变得更美好。

如果你的目标是舒适安逸，你就无法发家致富。

如果你的目标是发家致富，你同样能获得舒适安逸。

致富的目标让你有更远大的志向，

这更为激动人心、妙趣横生，

而且没那么传统，

因为大多数人没有这样的雄心壮志。

世界需要更多的勇气。

拒绝沉迷于稳定的薪水。

大胆抓住机会。

做冒险的事。

开创你自己的业务。

想一个所有业务都适用的品牌名。

（也许就是你的名字。）

在余生，为所有高质量产品冠上这个品牌。

一个广受认可的品牌可以收取高价，

赚的钱比不知名的品牌更多。

与其把顾客看作销路的来源，

不如把每次销售看作与顾客建立终身联系的来源。

利用他人的想法。

想法几乎一文不值。

付诸实践才是一切。

世界上充满了各种想法，

但很少有人采取行动去实现它们。

充满行动总比充满想法好。

最重要的是成为主人。

拥有并掌控你所创造的一切。

乏味的行业几乎没有竞争，

大多数人都在令人向往的新领域里寻求地位。

找一个旧行业，用新方式解决老问题。

你的创新之举可能在幕后，比如拥有整条供应链。

避开业务上的难题。

把时间花在对你来说更简单的事上，更加有利可图。

避免竞争。

永远不要成为人群中的下一个竞争者，

为残羹剩饭争破了头。

做任何人都能做的事情，是不值得的。

和人群分开——去找你自己的业务类别。

发明全新的东西。

发明创造不是为了争抢现存的1美元，

而是为了凭空创造出1美元。

小部分人需要某些目前还不存在的东西，

为了这些人去发明创造。

与其先做钥匙，然后再找锁住的东西，

不如先找到锁住的东西，再专门为它做钥匙。

跟着利润增长趋势的脚步，

尽早进入发展迅速的产业。

更多风险，意味着更多机会、更多投资者、更多回报。

一旦你的业务取得成功，保持警惕。

科技进步的速度更快，

所以一个成功的商业模式不会像过去那样长久。

如果你没有不断改进或者打乱既定的路线，

你的生意会被别人扰乱。

在你不得不变卖自己的业务之前卖掉它。

在业务达到顶峰之前卖掉它。

乐趣在于开创业务，而不是维持。

The fun is in eating a business, not maintaining it.

一旦你有多余的钱，就把它用于投资。

投资是一件反直觉的事。

你要忽视自己的本能和内心，

依照冷静客观的理由，

要遵守规则，不要自作聪明。

这是一个数学问题，而不是心情问题。

情绪是投资之敌。

投资不难，除非你企图战胜市场。

平平淡淡就好。

被动型指数基金代表着整个世界的经济，

能获得不错的回报应该感到高兴。

每年只要花几分钟就能重新实现经济平衡。

不要想太多。

什么都不做比只做一点事更好。

把问题变得简单，自己管理。

避免冲动投资。

投机不是投资。

永远不要做投机买卖。

永远不要预测。

要虚心，不能自大。

永远不要以为你了解未来。

反复提醒自己，没有人了解未来。

无视那些说他们了解未来的人。

钱是你的仆人，而不是主人。

不要摆出有钱的架子。

保持节俭的生活方式。

减少开支比增加收入要容易得多。

不用告诉别人你有钱。

甚至不需要花钱。

不要买太多东西，不要买太大的房子，

也不要雇太多的人。

做了这些事的有钱人感觉自己陷入困境，痛苦难言。

你买得越少，能掌控的就越多。

忘掉生活方式。

忘掉你自己吧。

全心全意专注于创造价值。

其他一切都是诱人堕落、分心之物。

没有什么比追求地位更能摧毁财富了。

不要炫富。

不要投资你无法控制的业务。

不要把钱借给朋友，否则你既会失去钱，又会失去友人。

最好直接把钱给他们。

回报是一样的（零），但你避开了难过的感觉。

不要相信家是一种财产。

你的房子是一项开支，而不是一项投资，

因为它不会每个月都把钱放到你的口袋里。

当你有钱的时候，一切似乎都是免费的。

花5000美元感觉像只花了1美元。

这不会影响你的账户余额。

金钱就像自来水。

总是在那里。

不需要惦记着它。

一个坏处是你可能不会再为钱而激动。

以前赚5000美元让人很兴奋。

现在你甚至都不会注意到这件事。

有人可能会再给你100万美元，但这不会带来任何改变。

你不需要这些钱，因为你什么都不想买。

为了保住你的钱，你得比赚钱付出更大的努力。

当你有的足够多，它的魅力就会消失。

对更多东西说"不"。
对更多选择说"好"。

然后你会变得更有哲理性，

因为你将拥有全世界所有的选择。

你会发现你的财富一文不值，

甚至可能是友谊和爱情的障碍。

钱可以消除问题，但会放大你的个性。

钱不会改变你，但会放大你的本性。

致富只需要一次。

当你赢得一场比赛，停下来，不要再比了。

不要成为山中巨龙，仅仅盘坐在金子堆上。

不要失去生活的动力。

一旦你成功致富，就带着钱去做其他事情。

定期重塑自己

Reinvent yourself regularly

人们说一切都是相互联系的。

他们错了。

一切都毫无关联。

每个时刻之间都没有连线。

发生了一件事。

又发生了另一件事。

人们喜欢故事，

所以他们把两个事件联系起来，称之为因果。

然而，这种联系是虚构的。

这是一种难以逃避的虚构之物。

"因为我父母做过，所以我才这么做。"

非也。

这两个事件没有联系。

这两个时刻之间没有连线。

下定义也是一样。

"我是个内向的人，所以我做不到。"

非也。

定义不是理由。

定义只是你对过去情况的旧的响应。

所谓的个性只是一种你过去的倾向。

面对新情况，需要新的响应。

你更感性还是更理智？

是早起的鸟儿还是夜猫子？

是自由派还是保守派？

不。

反对这些问题。

你不应该是个容易说清楚的存在。

给人贴标签的行为就像给河里的流水贴标签。

这样做无视了时间的流动。

你的身份。

你的意义。

你的伤痛。

它们都基于一个核心理念：

你处于一个连续统一体中，生活在一个故事里。

但是时刻之间并不存在连线。

不存在故事。

不存在情节。

你应该试着和过去的自己保持一致吗？

今天的新闻应该和过去的保持一致吗？

你是一个不断发展的事件——每天都在即兴创作，

对当下的情况做出响应。

你的过去不是你的未来。

从前发生的一切都与接下来要发生的事毫无关系。

不存在一致性。

定期重塑自己

没有什么是完全一致的。

永远不要相信故事。

随着时间的推移，你已经改变了很多。

正如你与其他人不同，

过去的自我与现在的自我也大不相同。

过去的自我要像前任总统一样下台，

让全新的你来操控当前局势。

做你一直在做的事，对大脑有害。

如果你不改变，就会老得更快，陷入困境。

生活的方式就是定期重塑自己。

每隔一两年，换一份工作，搬去新的地方。

改变你的饮食习惯、穿着打扮、言行举止。

改变你的偏好、观点和通常的反应。

试试和之前相反的风格。

Reinvent yourself regularly

和你的过去断绝联系。切断所有共同的元素。没什么是永恒的。

不文身。

保持清白的历史。

每天10次，在每个小决定中选择你没有尝试过的东西。

脱离性格行事。

这是一种解放。

获得安全感不在于成为一个船锚，

而在于有能力驾驭变革的浪潮。

定期重塑自己

放弃你的专业知识。

你造那艘船是为了过那条河，

所以把它留在那里吧。

不要把它拖在身边。

怯者抓住成就不放。

智者永远两手空空。

大自然定期改变季节。

你也应该如此。

就像我们无法延长季节，

永远不要停留太久。

知道一件事即将结束，会让你更加欣赏它、感激它。

每一次重塑都是开始，

这是最激动人心的时刻。

就像一个刚刚许下的承诺。

爱

Love

这里的"爱"不是感受，而是一个动词。

这不是发生在你身上的事。

这是你要做的事情。

Not love, the feeling, but love the active verb.
It's not something that happens to you.
It's something you do.
You choose to love something or someone.
You can love anything or anyone you decide to love.

选择爱一件事、一个人。

你可以爱任何你决定去爱的事或人。

爱是关注、欣赏和共情的结合体。

想要爱某样东西，首先你必须和它联系起来，

给予它全部的关注，

有意识地欣赏它。

试着这样去爱一些地方、艺术和声音。

试着这样去爱一些活动和想法。

试着这样去爱你自己。

你每天有很多次机会去联系。

你可以匆匆路过一个地方，或者驻足欣赏。

你可以心不在焉地参加一个活动，

也可以专心致志地关注其中每一处细节。

（从事某项活动，就是付出行动的爱。）

你可以随便和人闲聊，也可以真正了解一个人。

每一次，都选择去联系。

分享是一种联系。

分享你的知识。

分享你的家园。

分享你的时间。

了解是一种爱。

越是了解某件事物，你就会越爱它。

了解一个地方，去欣赏那里。

了解一些人，和他们共情。

不仅仅局限于个人，还有文化、思维方式和世界观。

如果你对一件事漠不关心，

或者持反对意见，那就多去了解它。

积极倾听他人的声音。

如果他们只是简单讲几句，

那就请他们说得再详细点。

人们不习惯有人真心诚意对他们抱有兴趣，

所以需要哄一哄，他们才能继续讲述。

但是千万不要试图纠正他们。

当有人告诉你破碎的事物，

他们是想让你爱上这种破碎感，而不是企图消除它。

消除你与他人之间的隔阂，

推倒那面阻挡你们紧密相连的墙。

摘下墨镜。

应该交谈的时候，不要打字发消息。

避免习惯性地反驳或者说套话。

承认你真实的感受，

和人保持交流，不要闭关自守。

我们以为墙能保护我们不受敌人伤害，

但其实墙是我们制造敌人的起因。

真诚是与人交往时最难的部分。

如果你总是说你觉得别人想听的话，

那就阻断了人与人之间真正的联系。

礼貌是肤浅的。

真诚才是深远的。

总是要说实话，否则人们永远不会知道真正的你，

你也永远不会有真正被爱的感觉。

爱

真诚是一种理想状态，永远和我们保持一段距离。

真诚没有终点。

不管你多真诚，总有更真诚的人。

不要为了说话更有趣而夸大其词，

也不要轻描淡写。

如果你为了让别人感到舒服，对自己的成绩轻描淡写，

那就隔绝了你和那个人、甚至是和你自己的联系。

做到诚实就好。

如果你做过了不起的事，那就如实地说。

如果你做得不好，也要如实地说。

如果你对某个人有感觉，而却不让那个人知道，

那就是在用**沉默**撒谎。

直截了当地说出来。

这样能省去很多麻烦和遗憾。

爱

你可以和别人一起生活，只取悦这些人。

你可以独自生活，只取悦你自己。

但理想的情况是，

和别人在一起时，要和你独自一人时一样。

你真正交往的人越多，对自己就越了解：

什么会让你兴奋，什么会让你疲惫，

什么会吸引你，什么会威胁你。

还有浪漫的爱情。

你从来不会真的后悔坠入爱河。

尽可能地去邂逅爱情。

打情骂俏和唯美浪漫就像餐前甜点。

当你从吃糖后的兴奋感中缓过来，

你会吃到一餐中更有营养的部分。

如果你觉得有人能使你变得完整或者这个人能拯救你，

就要当心这种感觉了。

你有过去留下的伤口，

你有未被满足的需求。

你寻求一个能弥补这些缺陷的人——

一个拥有你所渴望的性格特质的人。

然而，没有人会救你。

你必须亲自弥补这些缺陷。

在你经历人生中的动荡时期时，

你会抓住任何能给你安稳感的东西。

迅速沦陷的爱情不是一个好兆头，

这说明你把别人看成了问题的答案。

把完美寄托于他人身上，这不是爱。

你嘴上说着"我喜欢你"，

但其实想表达的是"我喜欢这样"。

留意你对身边人的感觉，

留意谁能激发出你最好的一面，

留意谁更能让你感觉和自我关系密切。

不要担心别人对你的看法，

不要希望别人对你印象深刻。

给你自己留下深刻印象，

做你理想中的自己。

如果这还不够让你印象深刻，

那就没什么能让你铭记的了。

如果一段关系行不通，最好尽早知道这一点，

而不是隐藏真正的自己，

在发现行不通之前的很长一段时间内，

制造虚伪的假象。

任何两个人之间都有一个第三者，那就是关系本身。

积极地培养人际关系。

如果你改善了人际关系，这段关系也会使你有所提升。

一旦你处于一段关系中，避免有损关系的事。

爱上一个人最好的一面很容易，

但爱上他们的缺陷需要一定的努力。

不要妄图改变别人，或者教训他们，

除非他们让你这样做。

如果你们之中的一个人性格比较孩子气，

那另一个人需要更成熟。

就像跳舞时，不能两个人同时下腰一样。

一个人必须保持直立，才能避免另一个人倒下。

除非你们是液体，否则一加一永远不会等于一。

你们两个人都必须是自由的，

即使失去对方也能好好生活。

在一起是一种选择，而不是一种必要或是依赖。

爱你的伴侣，而不是需要你的伴侣。

需要是贪得无厌的，

需要会摧毁爱情。

如果你选择不爱一个人，

那就用最后的爱意、同情和善意，结束这段关系吧。

而不要表现出你的爱意已经消散了。

对婚姻保持警惕，

不要因为情绪许下终身承诺。

醉酒后许诺容易让人追悔莫及，

所以你不该在沉醉于痴迷时签订婚约。

养育孩子就像恋爱。

这是一段如此紧密的关系。

你们那么靠近，

彼此之间拥有这么多信任，

这么多支持。

然而，就像你所爱的其他人一样，

孩子的兴趣爱好和价值观也会与你不同。

你不会为了塑造别人的未来而爱一个人，

你不会以朋友有多成功来评判你们的友谊。

所以，不要用那种方式爱你的孩子，

也不要那样评判他们。

不要试图改变他们。

只要为他们提供一个良好的环境，

让他们在其中茁壮成长。

给他们安全感，让他们不怕尝试、犯错和失败。

爱

没有爱的人生是最悲哀的。

充满爱的人生是最幸福的。

尽你所能选择去爱。

如何度过这一生？——爱。

创造

Create

世界上最有价值的房产是墓地。

那里有数百万本未写完的书、未发表的想法

和未培养的人才。

大多数人辞世的时候，所有想法和潜能还留在脑海中。

生活的方式是去创造，

离开时什么都不带走。

提取你脑海中所有的想法，把它们都变成现实。

自称有创造力并不能使之成为现实。

重要的是你创造了什么。

你的首要任务是完成任务。

大部分人观赏现代艺术时，心里会想：

"我也能做到这个！"

但他们并没有做到。

这就是消费者和创造者之间的区别。

你更愿意做哪一种人？

因为忙于消费，多年来什么都没创造的人？

还是忙于创造，多年来什么都没消费的人？

Which would you rather be?

不要等待灵感。

灵感永远不会迈出第一步。

只有当你表明你不需要灵感时，它才会到来。

不管发生什么，每天都做好你的事。

创作初稿时暂时不要做任何判断。

只要写完就好。

创作出差强人意的作品，也比什么都不做好。

你可以改进不好的作品。

你的大部分创作将会成为养料，

滋养少数最后成功的作品。

但是在那之前，你都不会知道哪些是养料，哪些会成功。

尽你所能，不断创造吧。

Creativity is a magic coin.
The more you spend, the
more you have.

创造力是一枚神奇的硬币。
你花得越多，拥有的就越多。

不要用酒精或者毒品来改变自己的状态。

它们会让你对世俗之物更感兴趣，

这又让你对其他事物兴致缺缺。

它们会让你自以为很有创造力，但当时的你其实很无趣。

只有创造才能让你拥有创造力。

拥抱你的怪异之处，以此进行创造。

永远不要认为你要变得正常或者变得完美。

完美无瑕的人不需要创作艺术。

曾经有人问毕加索，当他开始作画时，

是否知道这幅画将是什么样子。

他说：

"不，当然不知道。如果我知道，又何必费心去画呢。"

不要仅限于表达自己。

发现你自己。

创造问题，而不是答案。

探寻任何能让你振奋不已的事物。

如果你不能为此兴奋，

那你的受众群体也不会感到激动。

模仿你的偶像。

这不是复制，因为你和他并非完全一致。

你对任何事物的模仿都会在无意识中

因你自己变化的视角而变得不同。

大多数创作都是现有想法的全新组合，

独创性仅仅意味着隐藏你的创作来源。

创作是一种更高级的交流形式。

你通过做出贡献来加入精英的对话，

你通过引用过去的创作来加入自己独特的元素，

或者组成自己独特的组合。

这样的对话可以跨越几个世纪。

创作是一种心灵感应。

你直接与世界各地的人交谈，

无论是几天还是几十年以后，

你和他们的思想都能相连。

你向那些能听到你的人送去重要的消息。

当你的创作足够好，就放手吧。

公开发表这个作品，让它在没有你的情况下走进世界。

它也可以加入对话，然后其他人可以改进这个作品。

把创作和发表分开。

当你创造完一件作品，等待一段时间再将它公之于众。

到那时，你会发现一些新的东西。

公众的评价不会影响你，

因为这些评价都是关于你过去的作品的。

考虑创作时使用笔名。

这能让你知道，批评是关于你的作品的，与你无关。

如果你对自己的作品感到骄傲，那就是成功。

越少取悦别人，就越能取悦你的粉丝。

成功不是来源于乌合之众，而是来源于自豪感。

生活在城市里。

城市更有利于创造，

天才来自城市。

城市能让你想起你的受众。

归根结底，你需要和人联系，而不是和树。

保持你不得不向他人展示作品的状况。

从群众中收集想法，

在沉默和孤寂中进行创作。

就像你有你的房间一样，你也需要一个私人的创作空间。

在那里，你可以心如止水，梦笔生花。

忘了窗外的风景吧，

专注于脑海中的景象。

与其把世上的景致汇入脑海，

不如将脑海中的图景具现出来，带给世界。

创造

尽可能广地散播作品，

尽一切可能吸引人们的注意。

艺术需要观众。

世上没有不知名的天才。

收取费用，确保你的作品被真正想要的人获得。

人们不会重视免费的东西。

为了他们，也为了自己收取费用。

就算你不缺钱，也要收费。

成立一家公司。

起一个你认真想出来的名字。

你拥有这家公司，它拥有你的作品。

这样做制造了合理的距离感，

你的公司可以要求使用者支付版权费。

它能成为你的收费员，

于是你得以保持纯粹的艺术家身份。

维持一份平衡的工作。

一份轻松又可以应对日常开支的工作。

一份每天工作几小时，其余时间便可以抛之脑后的工作。

这样的工作会为你的生活带来自律性和规律性。

为你的艺术创作设定最后期限，也为其赋予了自由。

让死亡的最后期限推动你。

在你最后一次呼吸之前不停创作。

把生命中最后的火花融入你的作品。

临终时思想中空空如也，于是死亡只会带走一具尸体。

你离开后，你的作品会告诉世人你是谁。

不是你的目的，

不是你领悟的内容，

只有你所发布的内容。

不要死去

Don't die

自然界只有一条定律：生存即胜利。

做一个偏执的人。

不要在生存这件事情上失败。

想要取得成功，一切都要进展顺利才行。

想要获得失败，只需要一件事出错就好。

不要试着做得更正确。

只需少犯一些错。

避免失败，就会带来成功。

胜者往往是那个失误最少的人。

在投资、极限滑雪、商业、飞行

和很多其他领域都是如此。

不输才能赢。

大多数人死于癌症和心脏病。

所以，没错，避免得这些病。

但那些因事故而死的人年纪轻轻就走了，

失去了更多的潜在寿命。

所以，更要努力避免事故。

降低风险。

你想从生活中得到什么？

这很难回答。

你不想要什么？

这就容易回答了。

比起得到什么东西，我们更希望的是少一点负面因素。

没有痛苦、没有伤害、没有遗憾、没有灾难的生活

是美好的。

如果能避免坏事发生，

那么在日常生活中很容易能发现快乐。

坏事的力量更为强大。

比起赞美，侮辱对你的影响更大。

比起安抚，伤害对你的影响更大。

比起药物，毒素对你的影响更大。

多年来建立的良好关系或声誉，可能会被一次恶行摧毁。

本来完美的一餐饭，可能会被盘中的一只蟑螂破坏。

但是缺少负面因素的情况更难谈论。

所以人们专注于在生活中拥有光明的一面。

这就等于，专注于避免阴暗面。

大部分健康饮食只是在避免吃不好的食物。

大部分的正确行事只是在避免错误行事。

要想在人生中多遇到好人，那就把坏人排除在外。

不要浪费一分一秒。

如果你好好利用时间，生命可以变得很长。

而浪费时间会导致死亡来得更快。

时间是唯一无可替代的东西。

死亡提醒了我们，时间是有限且宝贵的。

没有死亡，就没有动力。

死亡赋予生命价值——给了我们一些可以失去的东西。

密切留意死亡。

避免那些会终结生命的错误。

避免那些会破坏生活的不利因素。

避免那些会提前迎来死亡、浪费时间的事。

Avoid

无数次犯错

Make a million mistakes

错误是你最好的老师。

这是事实。

所以，你应该有意地、尽可能多地犯错误。

总是什么都尝试一下，期待每件事的失败。

只要确保你能从每次经历中吸取教训就好。

永远不要两次犯同样的错误。

你会变得非常老练。

你会变得非常聪明。

你一天学到的东西会比别人一年学到的还要多。

蓄意的错误很有启发性。

尝试写一首好歌很难。

尝试写一首糟糕的歌既简单又好玩。

就是现在，你一分钟之内就能写完。

作家们说，你应该尽快写完一篇糟糕的初稿，

因为这样，你的想法才能浮现出脑海，变成现实，

然后加以改进。

以这种方式度过你的一生。

立刻行动起来，不要犹豫，放下顾虑。

你会比其他人做得更快、更多。

他们花一个月做的事，你花一个小时就行，

所以这件事你一天可以做10次。

做任何别人不让做的事。

无视所有警告，这样你就能靠自己去发现问题。

通过实践经验学习。

你犯的错越多，学得就越快。

一旦你犯过某个领域所有的错误，你就会被视为专家。

你看，只有感到惊讶的时候，你才能真正学会——

这说明你之前对某事的想法有误。

如果你并不惊讶，那就意味着新的信息和你已知的相符。

所以，试着去犯错。

试着反驳你的信念。

永远不要不加怀疑地相信一件事。

证明它，或者反驳它。

虽然其他人有他们认为可行的想法，

但你将会有数千个能证明其不可行的想法，

还有一个不可能失败的想法。

无数次犯错

只要记录下来就好。

只有从中吸取教训，错误才算是经验。

记录你学到的教训，并且回顾这些内容。

否则就是浪费。

接受重大挑战。

在硅谷创办一家公司。

向投资者索要数百万美元。

参加好莱坞电影的试镜。

邀请你的梦中情人共进晚餐。

在其他人还在紧张准备的时候，

你要立刻行动起来，别害怕失败。

制造困境。

陷入麻烦。

绝望会带来创新的解决方案。

这会让你情绪稳定。

任何错误都不再让你失落。

你永远不会认为一次失败的尝试

意味着你是一个失败的人。

被失败摧毁的是那些没有预料到失败的人。

他们误以为失败的是他们本身，

而不是一次尝试的结果。

如果你准备好迎接永无止境的失败，

你就永远不会认为自己是个失败者。

成功者和失败者之间只有一个区别。

失败者会放弃，故事就这样结束，

他们也获得了"失败者"的头衔。

失败的地方就是你成长的地方。

两者都在你的极限边缘，

在那里，你找到了合适的挑战。

以可能失败的事情为目标。

如果以你知道自己能做到的事为目标，

那你的目标就设定得太低了。

制造一个会走路的机器人很容易。

制造一个不会被击倒的机器人就很难。

人类也是如此。

避免犯错的人很脆弱，就像只会走路的机器人。

而你无数次犯的错误，会让你成为一个无法被击倒的人。

错误是青春的源泉。

长者和成功者变得脆弱，

因为他们以为自己无所不知。

他们在一个解决方案上投入过多。

他们只有答案，没有问题。

如果你从来没有错过，那就永远不会改变。

不断犯错，这样你才能保持不断改变、学习和成长。

分享你每次犯错的故事，造福全世界。

做出改变

Make change

尽可能去改变世界。

如果不采取行动，你所有的学习和思考都会白费。

人们试图解释世界，但真正的要点是改变世界。

如果你什么都不改变，就这样度过一生，

那你究竟做了什么？

只是观察吗？！

这个世界不需要更多的观众，

世界需要变革。

坏掉的东西需要修理。

还算过得去的东西需要改进。

有害的东西需要摧毁。

人们梦想着或者抱怨着世界应该如何，

但是如果不采取行动，一切都不会有所改善。

你必须亲自去改变世界。

人们说，世界本就是这样，未来也是这个样子。

他们无可救药、骄傲自满又固执己见。

他们希望生活保持在现有的界限和规则之内。

但所有的进步都来源于那些无视边界、打破常规、

创造新游戏的人。

不要接受任何现状。

你所遇到的一切都必须改变。

维持原样是你的敌人。

只有死鱼才会随波逐流。

Make change

想一想科学的方法：

有些人提出想法，而其他人持怀疑态度，极力反驳它。

把这种方法用在生活中。

假设所有事物现有的状态都是错的。

质疑它，并试图改变它，证明它是错的。

这就是我们进步的方式。

失败的会被遗忘。

有效的叫作创新。

从纠正错误开始。

寻找那些丑陋的东西：丑陋的系统、规则、传统。

寻找那些你为之困扰的东西。

如果你能纠正它，现在就动手。

否则，降低一些目标，直到找到现在就能纠正的事情。

让事情变成它应有的样子。

不要埋怨。

你要做的只有改变。

这给了你看待工作的全新角度。

工作就是你想改变的一切。

去除应该消亡的事物。

与其进行修缮，不如摧毁现有的东西，换上更好的内容。

有时你不知道要加上什么，但你知道要去掉什么。

担心自己会让事情变得更糟糕吗？

谁能说清你要做的改变是好是坏？

只有时间会证明一切。

心怀好意的人最终反而可能造成伤害。

所以，不要评判，

开始以任何你能做到的方式改变世界。

重新排列，重新整合。

大自然就是这样发展的。

牛奶是重新整合的草。

所有的原子都被重新利用了。

每当你听一首歌、看一场节目或者读到一个想法，

想一想你会如何改变它，或者把它和其他东西结合起来。

随时准备好工具，

以便重新排列、整合、编辑你遇到的内容。

然后，分享你所做的改变。

不要崇拜偶像。

去超越他们。

改变世界，包括改变你自己。

改变你的信念、偏好、熟人、爱好、位置和生活方式。

你唯一不变的习惯，就是去寻找要改变的东西。

改变其他人。

思想和心灵的变化比肉体的变化影响更为重大。

去正在变革的地方。

在那里，人们质疑陈旧的规范，

寻求新的解决方案。

创造力源于改革。

那些离开了旧游戏的人，才能尽早加入新游戏。

经过多年的努力，你会准备好进行制度改革。

怎么做？

使用说客的技巧。

成立一家公司或基金会来采取行动。

隐去身份，在公司背后匿名推动制度改革，

这样你的个性就不会分散改革的重心。

为公司取一个通用的、无法反驳的名字，

比如"更美好世界有限责任公司"。

让你的公众形象保持低调，

做一个谦逊、讨喜的人，

避免被当挡箭牌。

对你想做的每一个改变，都要找一个有效的代言人。

让公司及代言人推动改革。

而你则藏在幕后，悄悄地操纵局势。

如果无人落败，就不算是一场变革。

总会有输家出现。

有人会怒不可遏。

坏人们大发雷霆，就说明你做的是对的。

总而言之，

人生最高的赞美就是有人说，那个人"产生了影响"。

影响！

你听到这个词了吗?

影响是指被改变的东西。

为了过上值得赞扬的生活，为了产生影响，

你必须做出改变。

平衡一切

Balance everything

生活中所有不顺都来源于极端。

这个太多，

那个太少。

缺乏平衡时，我们会心烦意乱。

过度工作，缺乏被爱，吃得太多，睡得太少。

注重财富而忽视健康。

着眼当下而忽视未来。

积极的特质如果程度太深，也会变成消极的。

有些人太过慷慨，或者太过幽默。

某种优势如果过了头，也会变成弱点。

如果只在一个领域登峰造极，

那你就是一条腿的巨人——很容易倒下。

留意一些词汇与躯体和情绪有关的定义，它们具有相似之处。

"upset"与躯体有关的定义：打翻某物。

"upset"与情绪有关的定义：心烦意乱。

"unstable"与躯体有关的定义：易倒下的。

"unstable"与情绪有关的定义：易于做危险、冲动的行为。

所有这些都和失去平衡有关。

当你保持平衡时，就不太可能感到心力交瘁了。

你得到了更坚实的根基和适应力强的构造，

你可以应付意外的事，为所需之物腾出时间。

美德是两种极端之间的平衡。

在妄自菲薄和狂妄自大之间——自信。

在拘谨和卖弄之间——优雅。

在胆小和鲁莽之间——勇气。

在自私和牺牲之间——慷慨。

因此，生活的方式就是平衡一切。

把你生活的不同方面，想象成车轮的轮辐：

健康、财富、智力、情感、精神，或者按你自己的划分方式。

缺少其中任何一个，

车轮都会歪斜、摇晃，导致你撞车。

但如果你保持生活的方方面面的平衡，

你的车轮就是浑圆的，可以轻松地滚动。

你的个性有不同的方面，有互相冲突的需求。

与其忽略其中一个，不如确保它们之间的平衡。

平衡同他人共度的时间和独处的时间。

平衡对稳定的需求和对惊喜的需求。

平衡输入和输出，消费和创造，

稳定和冒险，身体和精神。

互相对立的需求能互相弥补。

在弱点上多下功夫。

腰缠万贯却大腹便便的人和身体健康却身无分文的人

有不同的需求。

记住车轮的轮辐。

Balance everything

平衡生活最好的工具是时钟。

就像猎人有猎犬一样，时钟是你最好的盟友。

它会看守你，抑制你的冲动，保护对你重要的事物。

安排好一切，以确保时间和精力的平衡。

日程安排有助于防止拖延、分心和沉迷。

日程表使你根据最高目标而不是一时的心情行事。

安排好与亲友共度的黄金时光。

安排好预防性健康体检。

安排好用于学习的专注时间。

安排好生活的方方面面，不要有遗漏。

列出让你有幸福感和成就感的事，

然后把这些事安排进你一年的日程中。

平衡的日程表可以保护你不受自己伤害，

你不会变得不堪重负，也不会忽视重要需求。

你不会过度工作、过度玩乐或者过度放纵。

即使是创造性的工作，也需要安排时间。

最伟大的作家和艺术家不会坐等灵感的到来，

他们严格按照艺术创作的日程表。

生活惯例能激发灵感，

因为你的身心都知道想法会在那个时刻萌生。

世界上最伟大的成就，是在最后期限前诞生的。

平衡一切

定好闹钟，准备开始和停止。

无论你感觉如何，都要遵守日程表。

安排好一天内的每一个小时。

分心会偷走没被锁定的东西。

一旦你过上了平衡的生活，就在生活中找到新的方面。

就像车轮有着无限的轮辐。

平衡你的需求和他人的需求。

平衡你的知识。

阅读你一无所知的核心学科方面的书。

平衡你的政治观点。

和对立阵营里的聪明人交流，直到你们不再对立。

平衡你的身体能力。

提高灵活性、体能、协调性，以及做不同类型动作的能力。

平衡两种语言。

对你的大脑来说，第二语言是最好的东西之一，

能增加一种新的平衡，

你可以在另一种文化中生活半年，只说另一种语言。

平衡你对各种情况的反应。

你倾向改变自己，改变环境，还是什么都不改变就离开？

找出哪些事你做得太多，哪些事做得还不够，

　　　　　　　　　　　　平衡一切

然后重新平衡这些事。

最后，平衡这个世界。

扶起那些被推倒的人。

用平衡抵消性别歧视、种族主义和宗教歧视。

喂饱饥饿的人。

平衡正义。

平衡人性。

平衡生活中的一切后，

你不会把任何东西放在次要位置。

你不会把幸福、梦想、爱情或者情感表达

放在别的后面。

在任何时候，你都能幸福地死去。

Balance everything

如何
度过
这一生？
——平衡一切。

结论

关于作者

如果你想了解更多关于我和我的作品的信息，请访问 sive.rs.

那里有你想知道的一切。

如有任何问题，请访问sive.rs/contact，给我发电子邮件。

——德雷克

德雷克·西弗斯的著作

《你想要的一切：给新兴企业家的40堂课》

《你的音乐和人们：富有创意又体察人心的名望》

《是或不是：什么值得做》

《如何度过这一生：27个矛盾的答案和1个奇怪的结论》